Springer-Lehrbuch

Springer-Verlag Berlin Heidelberg GmbH

Dierk Henningsen

Geologie für Bauingenieure

Eine Einführung

Dritte, erweiterte Auflage

Mit 40 Abbildungen und 6 Tabellen

Springer

Professor Dr. Dierk Henningsen
Institut für Geologie und Paläontologie
Universität Hannover
Callinstraße 30
30167 Hannover
e-mail: henningsen@geowi.uni-hannover.de
privat:
Tiefes Moor 66
30823 Garbsen

ISBN 978-3-540-43301-9

Die Deutsche Bibliothek – CIP-Einheitsaufnahme
Henningsen, Dierk: Geologie für Bauingenieure: eine Einführung; mit 6 Tabellen / Dierk Henningsen. – 3. Aufl. – Berlin; Heidelberg; New York; London; Paris; Tokyo; Hong Kong; Barcelona; Budapest: Springer, 2002
(Springer-Lehrbuch)
ISBN 978-3-540-43301-9 ISBN 978-3-642-56159-7 (eBook)
DOI 10.1007/978-3-642-56159-7

Ursprünglich erschienen bei Springer-Verlag Berlin Heidelberg New York 2002
http://www.springer.de

Einbandgestaltung: E. Kirchner, Heidelberg
Satz: Fotosatz-Service Köhler GmbH, Würzburg
Gedruckt auf säurefreiem Papier 32/3130/as-5 4 3 2 1 0

Vorwort der 3. Auflage

Für viele Bauingenieure, die in den Bereichen Grundbau, Straßenbau oder Tunnelbau arbeiten, sind geologische Grundkenntnisse wichtig. Diese sollten während der Ausbildung vermittelt, vielleicht auch später erworben werden. Dabei kommt es nicht darauf an, dass ein alle geologischen Bereiche umfassendes Grundwissen vorhanden ist, sondern dass ein Gefühl für die Bedeutung geologisch bedingter Prozesse sowie daraus resultierender möglicher Probleme entsteht. Es soll außerdem klar werden, bei welchen Fragen eine Beratung durch Geologen empfehlenswert ist.

Dieses Ziel hat der vorliegende, bewusst einfach gehaltene Einführungstext. Er ist – was ausdrücklich betont werden soll – keine bodenmechanisch oder grundbautechnisch ausgerichtete Ingenieur- oder Baugeologie, sondern eine kurzgefasste Geologie für Bauingenieure. Er ist aus Lehrveranstaltungen hervorgegangen, die ich über viele Jahre an der Universität Hannover für Studierende des Bauingenieurwesens gehalten habe.

Die Themenbereiche „Bestimmung von Gesteinen" und „Interpretation von geologischen Karten" sind besonders knapp gefasst, weil sie besser in Form von praktischen Übungen an Gesteins- und Kartenmaterial vermittelt werden sollten. Einige wichtige Lehrbücher zur

Geologie und Angewandten Geologie sind am Schluss des Buches genannt.

Der Text der alten Auflage wurde an vielen Stellen überarbeitet und erweitert, einige Abbildungen sind dazugekommen. Mehrere Fachkollegen haben Verbesserungsvorschläge zum Text der zweiten Auflage gemacht. Bei ihnen – insbesondere bei Herrn Dr. K. Brenner, Stuttgart, – bedanke ich mich ausdrücklich für ihre konstruktiven Anregungen.

Hannover, im Februar 2002 Dierk Henningsen

Vorwort der 2. Auflage

Jeder Bauingenieur sollte geologische Grundkenntnisse während seiner Ausbildung vermittelt bekommen oder sie sich später aneignen. Die Ansichten darüber, aus welchen Bereichen der Geologie diese stammen müssen, sind jedoch unterschiedlich. Besonders in der Vergangenheit war es vielfach so, dass geologische Lehrveranstaltungen für Studierende des Bauingenieurswesens überwiegend rein geologische Grundlagen enthalten haben. Meines Erachtens kommt es aber nicht darauf an, kommenden Bauingenieuren ein breit angelegtes geologisches Basiswissen mitzugeben, sondern sie anhand von ausgewählten Beispielen darauf hinzuweisen, dass geologische Prozesse bei Bauvorhaben berücksichtigt werden sollten und welche Fragen nur von Geologen gelöst werden können.

Insofern sind die bisher auf dem Markt befindlichen Einführungen in die Geologie nur bedingt für die Ausbildung von Bauingenieuren geeignet. Für diesen besonderen Zweck wurde deshalb der vorliegende, bewusst einfach gehaltene Einführungstext geschrieben, der kein Lehrbuch der Ingenieur- oder Baugeologie sein soll, aber auch auf die Darstellung geodynamischer Prozesse verzichtet. Er ist aus einer geologischen Grundvorlesung hervorgegangen, die ich viele Jahre lang für Studierende des Bauingenieurwesens an der Universität Hannover gehalten habe.

Im vorliegenden Text sind die Themenbereiche „Ansprache von Gesteinen“ und „Interpretation von geologischen Karten“ sehr knapp gefasst, weil sie nur in Form von Übungen an Gesteins- und Kartenmaterial selbst vermittelt werden können. Einige weiterführende Schriften zur Geologie, Ingenieur- und Hydrogeologie sind im Litraturverzeichnis am Schluss des Textes zusammengestellt.

Gegenüber der Erstauflage wurde der Text überarbeitet und ergänzt, während die Abbildungen weitgehend beibehalten werden konnten.

Hannover, Ostern 1992 Dierk Henningsen

Inhaltsverzeichnis

1 Geologie und ihre Bedeutung für das Bauingenieurwesen

Die Geologie befasst sich mit der Zusammensetzung und Entstehung der Gesteine und der Entwicklung der Kontinente und Ozeane bis zu ihrem heutigen Bild. Dabei wird unterschieden zwischen den Auswirkungen durch und Bildungen von Kräfte/n, die im Erdinneren freigesetzt werden (sog. endogene Dynamik; Erscheinungsformen sind z. B. Erdbeben oder Vulkanausbrüche), und solchen, die sich an der Erdoberfläche entwickeln und auswirken (sog. exogene Dynamik; Erscheinungsformen sind z. B. Verwitterungs- und Abtragungsprozesse oder Felsstürze).

Die meisten Gesteine, die heute an oder nahe unter der Erdoberfläche beobachtet werden können, sind bereits vor langer Zeit unter Bedingungen entstanden, die deutlich von denen abweichen, die heute am Ort ihres Vorkommens herrschen (z. B. andere Verteilung von Land und Meer oder ein anderes Klima). Deswegen muss in der Geologie bei der Beurteilung von Gesteinen und Geländeformen außer dem heutigen Zustand auch deren oft lange Entwicklungsgeschichte und die dabei eingetretenen Umwandlungen/Veränderungen berücksichtigt werden. Dabei handelt es sich um Zeiträume, die nach menschlichen Begriffen unvorstellbar lang erscheinen: Für das Gesamtalter der Erde werden heute 4,6 Milliarden

Jahre angenommen, wobei in Deutschland das älteste Gestein nur gut 2 Milliarden Jahre alt ist und die meisten hier vorhandenen Gesteine ein Alter von weniger als rund 600 Millionen Jahre aufweisen.

Bei vielen Vorhaben hat der Bauingenieur mit unterschiedlichen Fest- und Lockergesteinen zu tun. Dabei muss er zwei Dinge unbedingt berücksichtigen: Einmal, dass diese in der Regel wesentlich inhomogener ausgebildet sind als die ihm sonst vertrauten Baustoffe (z.B. Stahl, Zement, Holz, Kunststoffe) mit der Folge, dass es „den Granit" oder „den Kalkstein" oder „den Kies" mit bestimmten Merkmalen nicht gibt, sondern jeweils Varietäten der genannten Gesteine, deren Eigenschaften durchaus erheblich voneinander abweichen können. Zum Zweiten ist es oft so, dass Fest- und auch Lockergesteine kompliziert gelagert sind, also eine Gesteinsart in seiner unmittelbaren Nachbarschaft von Gesteinen mit anderen Eigenschaften umgeben oder unter- bzw. überlagert wird. Beides erfordert beim Bauingenieur ein gewisses Verständnis für geologische Prozesse bzw. Probleme und die Bereitschaft, mit Geologen zusammenzuarbeiten und sich gegebenenfalls von ihnen beraten zu lassen. Dabei sollte die für Ingenieure ungewohnte, manchmal (aus gutem Grund!) vorsichtige und abwägende Ausdrucksweise der Geologen kein Hinderungsgrund sein.

Folgende Auflistung (die keineswegs vollständig ist) nennt beispielhaft einige geologische Fragen und Probleme, die im Zusammenhang mit Baumaßnahmen oder Baumaterialien auftreten können. Sie soll zeigen, wie unterschiedlich die geologischen Aspekte sind, die bei Ingenieurvorhaben berücksichtigt werden sollten:

1. Wie sind Art, Mächtigkeit und Lagerungsverhältnisse der Gesteine im Untersuchungsgebiet? Welche Absonderungsflächen, Verwerfungen und Hohlräume treten auf, wie ist deren Orientierung und Ausbildung? Wie steht es mit Festigkeit und Verwitterungsgrad der Gesteine?
2. Treten Gesteine auf, die Schwierigkeiten bei Baumaßnahmen erwarten lassen (z. B. ungenügende Standfestigkeit; Neigung zu Felsstürzen, Rutschungen oder Sackungen)?
3. Handelt es sich bei den vorkommenden Gesteinen um mögliche Rohstoffe (z. B. Kies, Kalksteine, Gips), die möglichst nicht überbaut werden sollten? Erfüllen zum Abbau vorgesehene Fest- und Lockergesteine bezüglich Festigkeit und Zusammensetzung die vorgeschriebenen Gütenormen?
4. Gibt es im vorgesehenen Baugebiet Reste einer früheren Bergbautätigkeit mit unterirdischen Schächten oder Stollen? Handelt es sich um künstlich aufgefülltes Gelände (z.B. eine Deponie) mit unbekannten Materialeigenschaften?
5. In welcher Tiefe treten Grundwässer auf? Wird deren Nutzung durch vorgesehene Baumaßnahmen gefährdet? Enthalten die Grundwässer betonschädliche Komponenten?

Einige der genannte Punkte können im Verlauf von einfachen Vorerkundungen geklärt werden, andere erfordern zusätzlich intensive Untersuchungen im Gelände und Labor. Beide Arbeitsbereiche werden in den folgenden Kapiteln kurz besprochen.

2 Minerale und Gesteine

2.1 Zusammensetzung und Einteilung der Gesteine

Gesteine sind aus Mineralen bzw. Mineralien zusammengesetzt. Dabei gibt es Gesteine, die nur aus einer Mineralart bestehen (z.B. Marmor nur aus Kalkspat = Kalzit; Quarzit fast nur aus Quarz). Meist sind jedoch mehrere Mineralarten an der Zusammensetzung der Gesteine beteiligt (z.B. Quarz, Feldspäte und Glimmer als Hauptbestandteile sowohl von Graniten als auch von Sanden/Sandsteinen).

Die in der Natur vorkommenden *Minerale* sind feste Körper. Sie können aus nur einem chemischen Element bestehen (z.B. Diamant oder Graphit nur aus Kohlenstoff), meistens sind es chemische Verbindungen aus mehreren Elementen, vor allem Silikate und Oxide. Kennzeichen jeder Mineralart ist ein individueller gesetzmäßiger Aufbau der Atome, der bei vielen Mineralen, wenn sie größer sind, auch in einer regelmäßigen äußeren Gestalt zum Ausdruck kommt (Kristall). Jede Mineralart hat spezifische Merkmale (z.B. Farbe, Härte, Dichte, Spaltbarkeit), die im Zusammenwirken mit dem Gefüge (Größe und Anordnung der Minerale) die Eigenschaften der Gesteine, an deren Zusammensetzung sie beteiligt sind, bedingen bzw. bewirken.

Tabelle 2.1. Vereinfachte Übersicht über die wichtigsten gesteinsbildenden Minerale

Mineralname	**Chemische Zusammensetzung**	**Typische Farbe**	**Sonstige Merkmale**
Quarz	SiO_2	farblos, weiß, grau	muscheliger Bruch, sehr hart, (ritzt Stahl und Glas)
Feldspäte	Aluminiumsilikate mit K, Na und/oder Ca	grau, rötlich	meist kasten- oder leistenförmige Körner, deutliche Spaltbarkeit, hart (ritzen Glas, aber keinen Stahl)
Muskovit (Hellglimmer)	Schichtsilikate	glänzend, grau	Schuppen oder Blättchen, relativ weich (mit Glas ritzbar)
Biotit (Dunkelglimmer)		braun, schwarz	
Chlorit		grün	
Pyroxene (Augite i. w. S.)	Silikate mit Ca, Fe und/oder Mg	dunkelgrün, schwarz	gedrungene Körner, deutliche Spaltbarkeit, hart (werden von Glas nicht, von Stahl teilweise geritzt)

	wasserhaltige Silikate	dunkelgrün, schwarz	stängelige Körner, deutliche Spaltbarkeit (werden von Glas nicht, von Stahl teilweise geritzt)
Olivin	Mg-Fe-Silikat	gelblich-grün	muscheliger Bruch, ritzt Glas, z. T. auch Stahl, kommt vor allem in Basalten vor
Kalkspat (Kalzit)	$CaCO_3$	weiß, grau	deutliche Spaltbarkeit, beim Zerschlagen entstehen Rhomboeder, wird von Stahl und Glas geritzt, braust stark mit verdünnter Salzsäure
Dolomit	$(Ca,Mg)CO_3$	grau, oft bräunlich	oft „zuckerkörnig“, deutliche Spaltbarkeit, wird von Stahl und Glas geritzt, braust nur schwach mit verdünnter Salzsäure
Anhydrit	$CaSO_4$		deutliche Spaltbarkeit, mit Glas oder Stahl ritzbar
Gips	$CaSO_4 \cdot H_2O$		deutliche Spaltbarkeit, mit Fingernagel ritzbar

Die Merkmale der Minerale können bei etwas größeren Körnern benutzt werden, um sie mit einfachen Methoden zu bestimmen (vgl. Tabelle 2.1), die Identifizierung kleiner Mineralkörner erfordert meist größere und aufwendigere Geräte, z.B. ein Polarisationsmikroskop oder ein Röntgendiffraktometer. In der Natur gibt es mehr als 3000 verschiedene Minerale, von denen aber nur 10–20 häufig vorkommen.

Dunkel gefärbte Minerale (z.B. Augite oder Hornblenden) bilden sich in einer magmatischen Schmelze in der Regel früher, d.h. bei höheren Temperaturen, als helle Minerale (z.B. Quarz oder Feldspäte). Umgekehrt ist es so, dass die zuerst ausgeschiedenen dunklen Minerale in der Regel schneller verwittern oder zersetzt werden als die hellen.

Nach ihrer Entstehungsart werden die *Gesteine* eingeteilt in

- magmatische Gesteine (Magmatite),
- Sedimentgesteine (Sedimentite) und
- metamorphe Gesteine (Metamorphite).

Magmatite sind aus einem Magma (Schmelze) entstanden. Man unterscheidet Tiefengesteine (Plutonite), die sehr langsam, d.h. in Millionen von Jahren, in der Tiefe der Erde erstarrt sind, und Ergussgesteine (Vulkanite), die sich auf oder nahe an der Erdoberfläche meist rasch verfestigt haben (Abb. 2.1 und Tabelle 2.2). Ganggesteine, d.h. Magmatite, die in Form von Gängen andere ältere Gesteine durchsetzten, werden überwiegend zu den Vulkaniten gerechnet. Je nach ihrer Mineralzusammensetzung weisen Magmatite eine unterschiedliche Färbung auf: Dunkle Gesteine enthalten in der Regel

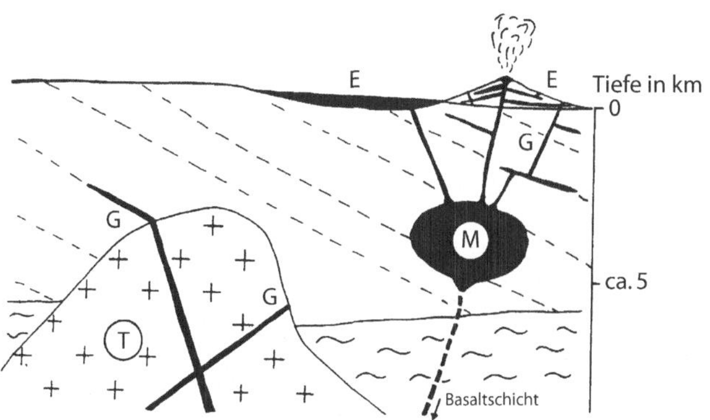

Abb. 2.1. Schematische Darstellung (Profilschnitt) der Entstehungsorte der magmatischen Gesteine in der Erdkruste. *T* = Tiefengesteine, *E* = Ergussgesteine, *G* = Ganggesteine, *M* = Magmenkammer

mehr dunkle Minerale mit einem höheren spezifischen Gewicht; deswegen haben dunkle Gesteine meist eine größere Rohdichte (Raumgewicht). Sie werden gerne im Fundament- und Wasserbau verwendet.

Tiefengesteine weisen aufgrund ihrer langsamen Erstarrung ein gleichkörniges Gefüge auf (Abb. 2.2). Sie sind fest, ohne Hohlräume und meist massig ausgebildet. Das auf der Erde häufigste Tiefengestein ist der Granit.

Ergussgesteine sind wegen ihrer unregelmäßigen oder schnellen Erstarrung entweder dicht bis feinkörnig oder ungleichkörnig ausgebildet. Ergussgesteine sind meist fest; es gibt aber auch unverfestigte oder lockere Gesteinsarten (z. B. vulkanische Aschen oder Tuffe), die zur Gruppe der Ergussgesteine gerechnet werden. Das weltweit häufigste Ergussgestein ist der Basalt.

Tabelle 2.2. Vereinfachte Übersicht über die wichtigsten magmatischen Festgesteine

Gesteinsart	Gefüge	Hauptminerale	Typische Farbe	Ungefähre Rohdichte
Tiefengesteine (Plutonite):				
Granit	gleichkörnig	Quarz, Feldspäte und dunkle Minerale (meist Biotit, seltener Augite oder Hornblenden)	grau, hell rötlich oder gelblich	2,6–2,7
Diorit und Syenit	gleichkörnig	Feldspäte und Hornblenden (oder Augite oder Glimmer), wenig Quarz	grau, rötlich, hell bis dunkel	2,7–2,8
Gabbro	körnig	Feldspäte und Augite oder Hornblenden	dunkelgrün bis schwärzlich	2,9–3,2
Ergussgesteine (Vulkanite) und Ganggesteine:				
Rhyolith (Quarzporphyr)	porphyrisch	Quarz und Feldpäte als Einsprenglinge in dichter bis feinkörniger Grundmasse	rötlich-braun, seltener grau	2,6–2,8
Diabas	körnig oder dicht	Feldspäte und Augite, diese oft chloritisiert (vergrünt)	dunkel grünlich-grau	2,8–2,9
Basalt	feinkörnig bis dicht	in schwarzer Grundmasse gelegentlich Einzelkörner von Olivin, Feldspäten und/oder Augiten	dunkelgrau bis schwarz	2,8–3,0

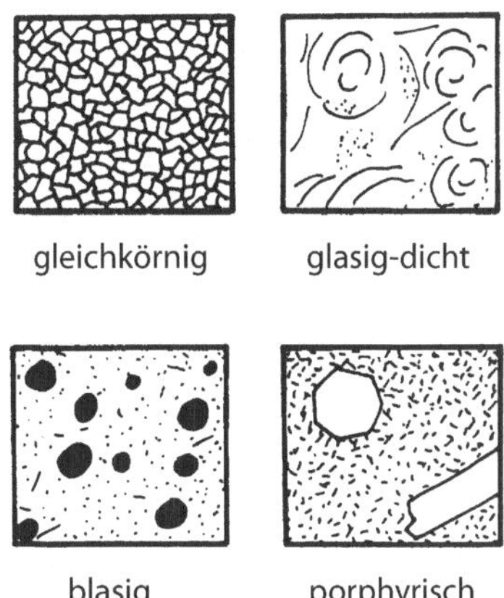

Abb. 2.2. Typische Gefüge von magmatischen Gesteinen, mit bloßem Auge oder einer Lupe zu erkennen. Gleichkörniges Gefüge ist für Tiefengesteine, die anderen für Ergussgesteine bezeichnend

Typische Gefügeformen (Abb. 2.2) von festen Ergussgesteinen sind:

- glasig bis feinkörnig-dicht (Zeichen einer sehr schnellen Erstarrung; extremes Beispiel: Obsidian = Gesteinsglas);
- blasig (mit zahlreichen Hohlräumen, die durch in der Schmelze enthaltene Gase entstanden sind; Beispiele Bimsstein, auch Diabas-Mandelstein mit sekundär, häufig durch Kalkspat gefüllten Hohlräumen);
- porphyrisch (in feinkörniger oder dichter Grundmasse befinden sich Einsprenglinge von größeren, meist gut ausgebildeten Mineralen, sog. „Blutwurst-Gefüge"; Beispiel: Quarzporphyr = Rhyolith).

Tabelle 2.3. Vereinfachte Übersicht über die wichtigsten klastischen Sedimentgesteine

Gesteinsart	Gefügemerkmale	Bestandteile	Typische Farbe
Konglomerat	grobkörnig, Komponenten lose oder dicht gepackt	Gerölle von unterschiedlichen Gesteinen und Gangquarzen	unterschiedlich
Grauwacke	ungleichförmig, mittel- bis grobkörnig	Quarz, Feldspäte, Gesteinsfragmente, oft Fetzen von dunklen Schiefern, meist viel Zwischenmittel	grau, verwittert bräunlich
Sandstein	meist gleichkörnig, mittelkörnig	überwiegend Quarz, daneben oft Glimmer und Feldspäte	hellgrau, bräunlich, rot
Tonstein, Tonschiefer	feinkörnig, dicht, oft deutliche Schichtung oder Schieferung ausgebildet	Glimmer, Chlorit, Quarz, Tonminerale – alle mit bloßem Auge oder Lupe nicht zu erkennen	grau, bräunlich, grünlich, schwarz
(Trümmer-) Kalkstein	ungleichkörnig	Fragmente von kalkigen Gesteinen, Einzelkörner und Bindemittel aus Karbonat-Mineralen	unterschiedlich

Sedimente/Sedimentgesteine bilden sich an der Erdoberfläche überwiegend im Meer, aber auch auf dem Festland (z.B. Fluss-, See- oder Dünenablagerungen). Sie können sehr unterschiedlich ausgebildet sein (z.B. sandig, kalkig, kieselig; vgl. Tabelle 2.3 und 2.4). Sedimente/Sedimentgesteine kommen teils locker, teils verfestigt bzw. zementiert vor, wobei verschiedene Mineralsubstanzen als Bindemittel bzw. Zement in Frage kommen (z.B. Silika = SiO_2, Karbonate, Tonminerale/Glimmer, Eisenoxide). Typische Umwandlungen von Lockersedimenten in Festgesteine sind z.B.:

- Ton → Tonstein
- Sand → Sandstein
- Kalk → Kalkstein
- Schotter → Konglomerat
- Schutt → Brekzie

Die Prozesse, die zu einer Verfestigung von Lockergesteinen führen, beginnen manchmal bereits kurz nach der Ablagerung, vielfach aber auch erst nach Millionen von Jahren, also erst sehr viel später. Sie werden zu dem in der Geologie wichtigen Gebiet der *Diagenese*, d.h. der Gesteinsumwandlung nach der Ablagerung, gerechnet. Ein häufiger Diagenese-Prozess ist z.B. die Dolomitisierung, d.h. die Umwandlung von Kalk/Kalkstein in Dolomit/Dolomitstein. Dolomitisierungen sind oft unregelmäßig verlaufen, ihr genaues Ausmaß ist bei Begutachtungen von Kalkstein-Vorkommen oft schwer vorauszusagen. Ein weiterer wichtiger Diagenese-Prozess ist die Bildung von *Konkretionen*. So werden rundliche oder knollenförmige Zusammenballungen bzw. Ausscheidungen im Gestein bezeichnet, wobei die Mineral-

Tabelle 2.4. Vereinfachte Übersicht über die wichtigsten nicht-klastischen Sedimente (in der Mehrzahl verfestigt)

Gesteinsart	Entstehung anorganisch-chemisch	Entstehung biogen-chemisch	Entstehung biogen
Kalkstein ($CaCO_3$)*	dichter Kalkstein, oolithischer Kalkstein, Kalkkonkretionen (z.B. Lösskindel) Schreibkreide, Riffkalkstein	Quellkalk (Travertin) Schillkalk(stein) Muschelkalk (Trochitenkalk)	Schreibkreide, Riffkalkstein
Salzgesteine (Evaporite)	Anhydrit, Gips (Ca-Sulfate), Steinsalz, Kalisalz (Chloride)		
Kieselgesteine (Silika = SiO_2)	Kiesel-Konkretionen (z. B. Karneol), Hornstein	Feuerstein (= Flintstein) Kieselschiefer, Lydit, Radiolarit	Kieselgur (= Diatomit)
Eisen-reiche Gesteine (zumeist Fe-Oxide)	Eisenocker, Roteisenstein, Eisen-Oolith	gebänderte Eisenerze (z. B. Itabirit)	
Kohlen			Torf → Anthrazit (Inkohlungsreihe)
Humose Ablagerungen			Gyttja, Faulschlamm

* Kalksteine können ganz oder partienweise durch Diagenese-Prozesse in Dolomitgesteine (Ca,Mg) CO_3 umgewandelt sein.

substanz der Konkretionen sehr verschieden sein kann. Häufig auftretende Konkretionsbildungen sind z.B. die hauptsächlich aus Kalkspat bestehenden Lösskindel (Abschn. 4.3), die aus Silika (SiO_2) aufgebauten Feuersteine oder die aus Eisenkarbonat und tonigem Zwischenmittel zusammengesetzten Toneisenstein-Knollen (Sphärosiderite).

Je nach den Bildungsbedingungen unterscheidet man zwischen *klastischen* Sedimenten/Sedimentgesteinen (Einzelkörner/Komponenten aus einer Verwitterung/ Abtragung von älteren Gesteinen hervorgegangen; Tabelle 2.3), *anorganisch-chemischen* Sedimenten/Sedimentgesteinen (Komponenten durch anorganisch-chemische Prozesse gebildet), *biogen-chemischen* Sedimenten/Sedimentgesteinen (Komponenten durch biogenchemische Prozesse gebildet) und *biogenen* Sedimenten/ Sedimentgesteinen (Komponenten ausschließlich durch biogene Prozesse gebildet (Tabelle 2.4). Bei Kalken/ Kalksteinen gibt es vielfach Übergänge zwischen den letzen drei Gruppen.

Metamorphe Gesteine sind durch Umwandlung aus magmatischen oder sedimentären Gesteinen entstanden. Bei der Metamorphose kommt es zu einer deutlichen Erhöhung von Druck und/oder Temperatur, die teilweise zu einer Umbildung bzw. Neubildung von Mineralen führen. Es lassen sich verschiedenen Arten der Metamorphose unterscheiden: Am wichtigsten und am meisten verbreitet ist die *Regionalmetamorphose* mit einer großen Erhöhung der Temperatur und des (meist gerichteten) Drucks, die vor allem im Zusammenhang mit der tektonischen Deformation der Erdkruste bzw. der Auffaltung von Gebirgszügen auftritt. Geringere Bedeutung haben die *Kontaktmetamorphose* (infolge Kontaktwirkung von magmatischen Gesteinen auf ihre Nebengesteine mit starker Erhöhung der Temperatur, aber keiner des Drucks) und die *Versenkungsmetamorphose* (mit großer Erhöhung des Drucks, geringerer der Temperatur), die dort anzunehmen ist, wo auf der Erde Krustenplatten gegeneinander geschoben werden, wobei eine Platte von der anderen in die Tiefe gedrückt wird.

Viele metamorphe Gesteine zeigen infolge der Druckbeanspruchung ein deutliches Parallelgefüge, das als Bänderung oder Schieferung ausgebildet sein kann. Diese hat nichts mit der bei der Ablagerung entstandenen ursprünglichen Schichtung von Sedimentgesteinen zu tun und sollte niemals mit dieser verwechselt werden (vgl. Abschn. 5.2). Eine Schichtung ist bei stärker metamorph überprägten ehemaligen Sedimentgesteinen oft gar nicht mehr zu erkennen. Metamorphe Gesteine sind meist fest und teils mehr körnig (z. B. Marmor, Quarzit), teils mehr plattig-schiefrig ausgebildet (z. B. Gneise, Glimmerschiefer; vgl. Tabelle 2.5). Einen Übergang zwischen den sedimentären Festgesteinen und den metamorphen Gesteinen stellen die Dachschiefer dar, in den außer einer sehr deutlichen Schieferung auch eine teilweise Umwandlung von Mineralen stattgefunden hat, die eine beginnende Metamorphose anzeigt.

Infolge von Gebirgsbildungen, Aufschmelzungen, Abtragung und erneuter Ablagerung können Gesteine jeder Gruppe in die einer anderen Gruppe umgewandelt werden. Man spricht deshalb von einem „Kreislauf der Gesteine“, der im Verlauf von oft langen geologischen Zeiträumen stattgefunden hat.

Tabelle 2.5. Vereinfachte Übersicht über die wichtigsten metamorphen Festgesteine

Gesteinsart	**Gefüge**	**Hauptminerale**	**Typische Farbe**
Gneis	körnig, lagig bis gebändert	Quarz, Felspäte, Glimmer, teilweise Pyroxene oder Amphibolie	grau, rötlich
Glimmerschiefer	unregelmäßig körnig, plattig, schiefrig	Glimmer, z. T. Quarz, oft große Einsprenglingen von selteneren Mineralen (z. B. Granat)	grau, bräunlich, grünlich
Dachschiefer	feinkörnig bis dicht, sehr deutliche glatte Schieferungsflächen	Glimmer – mit bloßem Auge oder Lupe nicht zu erkennen	dunkelgrau bis schwarz
Quarzit	körnig, hart	Quarz, selten helle Glimmer	grau
Marmor	gleichkörnig	Kalkspat	weiß, grau, manchmal dunkle oder rötliche Schlieren/Lagen

2.2 Veränderung und Verwitterung von Gesteinen

Besonders an oder nahe der Erdoberfläche sind Festgesteine oft verwittert oder angewittert. Bei den Verwitterungsprozessen werden physikalische, chemische und biologische unterschieden.

- Die *physikalische Verwitterung* ist eine mechanische Zersetzung der Gesteine, z. B. infolge von Sonneneinstrahlung, Gefrieren oder Abtrag/Abrieb durch Wind und Wellen. Beispiele für Folgen der physikalischen Verwitterung sind eine schalenförmige Absonderung, Vergrusung oder ein Zerbersten von Gesteinen.
- Die *chemische Verwitterung* beruht auf chemischen Reaktionen in den Gesteinen, wichtig ist immer das Vorhandensein von Wasser bzw. Feuchtigkeit. Typische chemische Verwitterungen sind die Oxidationsverwitterung (Einwirkung von Luftsauerstoff mit der Bildung von braunen Krusten aus Eisenoxiden), die Lösungsverwitterung (besonders bei Salzen), die Kohlensäureverwitterung (Lösung von Kalk- und Dolomitgesteinen bei Anwesenheit von Kohlendioxid = CO_2) und die sehr wichtige hydrolytische Verwitterung (Zersetzung von silikatischen Mineralen, z. B. Feldspäten, und Bildung von Tonmineralen).
- Die *biologische Verwitterung* kann durch Miokroorganismen oder höhere Pflanzen (z. B. Zersprengen von Gesteinen durch Wurzeln) hervorgerufen werden; sie ist meist von geringerer Bedeutung. In vielen Fällen stellen die Verwitterungsvorgänge an Gesteinen eine Kombination von verschiedenen Verwitterungsarten dar.

Anzeichen für Verwitterungen von Gesteinen sind z.B. Verfärbungen, Krustenbildungen und teilweise bis völlige, oft räumlich begrenzte Auflockerungen/Entfestigungen oder Hohlraumbildungen (diese oft im Zusammenhang mit Karst-Bildungen; vgl. Abschn. 5.3). Manche oberflächennnahe Verwitterungen/Veränderungen der Gesteine verändern deren Eigenschaften kaum oder nur wenig: Ein Beispiel hierfür ist der im mittleren Deutschland weit verbreitete Buntsandstein, den man von Steinbrüchen oder Felsklippen als Kalk-freien Sandstein kennt, der aber in Bohrungen in einigen Metern Tiefe meist ein deutlich kalkiges Bindemittel aufweist, das oberflächennah herausgewittert ist.

Viele der Verwitterungsbildungen in Mitteleuropa sind schon in der Kreide- und/oder Tertiär-Zeit, also vor etwa 30–100 Millionen Jahren, entstanden, als in diesem Teil der Erde ein tropisches Klima herrschte. Wenn die damals gebildeten mächtigen Verwitterungsdecken oder -krusten in der nachfolgenden Zeit nicht oder nur teilweise abgetragen wurden, sind sie heute noch vorhanden, wie z.B. in Bereichen des Rheinischen Schiefergebirges oder den Kristallingebieten Süddeutschlands, wo örtlich über den Festgesteinen einige Dezimeter bis Meter von aufgeweichten, verlehmten und zersetzten Gesteinen lagern, die volkstümlich manchmal als „Bunte Letten“ bezeichnet werden.

Auch unter festen Gesteinen, die an der Erdoberfläche heraustreten oder aufgegraben wurden, können durchaus zersetzte und verwitterte Gesteine vorhanden sein, wie etwa in Basaltgebieten (z.B. dem Vogelsberg): Hier lagern die Basaltgesteine oft in mehreren einzelnen Strömen von wenigen Metern Dicke übereinander, wobei je nach unterschiedlicher Zusammensetzung das Gestein in manchen Strömen weit stärker verwittert ist als in anderen oder auch eine Zwischenlage von zersetztem Basalttuff auftritt. Andere Beispiele für weiche Gesteine unterhalb von Festgesteinen findet man verbreitet in Karst-Gebieten.

Da bei allen Bauvorhaben und -maßnahmen etwaige Verwitterungsbereiche und -zonen in Festgesteinen unbedingt beachtet und berücksichtigt werden müssen, bitte bedenken: Fester Fels an der Oberfläche bedeutet keineswegs, dass darunter ebenfalls nur festes Gestein vorhanden ist!

3 Geologische Prozesse, die katastrophale Folgen haben können

Aus den Eigenschaften und den Lagerungsformen einiger Gesteine können sich besondere ingenieurgeologische Probleme ergeben. Auf diese wird in den folgenden Kapiteln bei der Besprechung der Locker- und Festgesteine hingewiesen. Von viel größerer Bedeutung sind aber zwei extreme geologische Prozesse:

- *Vulkanausbrüche* und
- *Erdbeben.*

3.1 Vulkanausbrüche

Vulkanausbrüche, bei denen Gase, Aschen, Gesteinsbrocken und Lava gefördert werden und die oft mit leichteren Erdbeben zusammen auftreten, sind auf die aktiven und potenziell aktiven Vulkane der Erde beschränkt. Zur Zeit sind das weltweit etwa 1300; dabei kann die Frage, ob ein Vulkan noch aktiv oder endgültig erloschen ist, oft nicht eindeutig geklärt werden. Viele Vulkanausbrüche dauern nur einige Tage, Wochen oder Monate. Einige Vulkane sind mit kleineren Unterbrechungen fast dauernd aktiv (z.B. der Ätna in Sizilien), bei anderen kommt es nach langer Ruhe zu plötzlichen Ausbrüchen (z.B. der Ausbruch des Vesuvs im Jahr 79 nach Chr. Geburt). Nicht selten lösen Vulkanausbrüche schwere Folgeschäden aus, wie z.B. Erdrutsche, Felsstürze oder Dammbrüche. Eine positive Seite von Vulkanausbrüchen mit Förderungen von viel Asche kann darin bestehen, dass sich nach einigen Jahren in den mit Asche bedeckten Landstrichen sehr fruchtbare Böden herausbilden – besonders in tropischen Gegenden.

Wenn die Schäden an Bauwerken und die Menschenverluste bei Vulkanausbrüchen in der Regel auch insgesamt geringer sind als bei Erdbeben, versuchen die Geowissenschaftler seit langem, auch diese vorherzusagen, damit gefährdete Ortschaften evakuiert oder andere Schutzmaßnahmen ergriffen werden können. Die bisherigen Erfolge bei den Voraussagen sind begrenzt. Durch den Einsatz verfeinerter geophysikalischer und andere Messungen sind aber auf diesem Gebiet in der Zukunft deutliche Verbesserungen zu erwarten.

Deutschland gehört nicht zu den Haupt-Vulkangebieten der Erde, trotzdem sind Vulkanausbrüche ein mögliches Problem: In der vulkanischen Eifel lässt sich vulkanische Aktivität über einen Zeitraum von etwa 40 Millionen Jahren – mit sehr großen zwischenzeitlichen Ruhepausen – nachweisen. Der letzte Ausbruch fand vor etwa 9500 Jahren bei Ulmen in der östlichen Eifel statt, als ein Maar (Explosionskrater) entstand. Dieser Ausbruch war weit weniger heftig als das vorletzte Vulkanereignis in der Eifel, der Ausbruch des Laacher Sees vor gut 11 000 Jahren, als ganz Mittel- und Westeuropa mit Aschenlagen bedeckt wurde. Aus geologischer Sicht spricht nichts dafür, dass in der Eifel die Vulkantätigkeit endgültig erloschen wäre.

3.2 Erdbeben

Erdbeben können durch den Einsturz unterirdischer Hohlräume, die sich auf natürliche Weise gebildet haben (z. B. Höhlen in Karstgebieten) oder auch durch menschliche Tätigkeit (z. B. in Bergwerken) erzeugt wurden oder mit Vulkanausbrüchen im Zusammenhang stehen. Diese Erdbeben sind in der Regel relativ schwach. Wesentlich stärker und mit verheerenden Wirkungen auf Bauwerke verbunden sind solche Erdbeben, die dadurch entstehen, dass sich im Zusammenhang mit tektonischen Bewegungen riesige Gesteinspakete oder Krustenplatten im Untergrund verschieben. Die eigentliche Bruch- oder Rissstelle in den Gesteinen wird als Erdbebenherd bezeichnet. Wenn dieser sich an oder nahe an der Erdoberfläche befindet, sind große Schäden in einem relativ kleinen Gebiet zu erwarten; wenn er in einer Tiefe von einigen Kilometern liegt, treten meist geringere Schäden in einem größeren Gebiet auf. Katastrophal sind oft die unmittelbaren Folgen von Erdbeben wie Feuersbrünste, Flutwellen, Rutschungen und Felsstürze.

Die Bodenbewegungen, die im Verlauf von Erdbeben stattfinden, sind teils ruckartig, teils langsam schaukelnd. Entgegen einer manchmal zu hörenden Meinung wirken sie sich dort am stärksten aus, wo der Untergrund aus Lockergesteinen oder aufgeschüttetem Material besteht. Ein solcher Untergrund dämpft nicht etwa die Erdbewegungen, sondern er verstärkt sie, weil er sich fast wie Wasser bewegt und die Bewegungen sich aufschaukeln können. Zerstörende Auswirkungen sind in der Regel dort am geringsten, wo niedrige Gebäude aus Stahlbeton auf festem Fels gegründet wurden. Eine sichere Voraussage von Erdbeben erfordert laufende geophysikalische und andere Überwachungen; sie gelingt nur manchmal.

Die Haupt-Erdbebenbereiche der Erde befinden sich in der Umrandung des Pazifischen Ozeans und in einem Gürtel, der von diesem über Indonesien bis in das Mittelmeer verläuft. Das Gebiet von Deutschland ist nicht frei von Erdbeben, wenn auch die Auswirkungen meist vergleichsweise gering ausfallen. Vermutlich werden sie auch in Zukunft schwach bleiben und sich auf Gebäudeschäden beschränken. Ein wesentlicher Grund hierfür ist die Tatsache, dass in den Erdbebengebieten Deutschlands die Herde meist relativ tief liegen. Hauptsächlich können in Deutschland Beben in folgenden Gegenden auftreten: In der Kölner (Rheinischen) Bucht, die von Köln/Bonn/Krefeld in Richtung Niederlande und Belgien verläuft; im Gebiet des Oberrheins (etwa zwischen Frankfurt und Basel); und in einem Streifen zwischen Stuttgart und dem Bodensee. In diesen Gebieten muss bei Bauvorhaben unbedingt die DIN-Norm 4149-1 (Bauten in deutschen Erdbebengebieten) beachtet werden. Der Norden und Osten Deutschlands sind weitgehend frei von Erdbeben, mit der Ausnahme des Vogtlandes, wo z.B. im Jahr 2000 ebenso wie schon im 19. Jahrhundert zahlreiche, sehr schwache Erdstöße (sog. Schwarmbeben) aufgetreten sind. Leichtere Erschütterungen des Untergrundes können darüber hinaus überall in Deutschland merkbar sein, wenn es zur Fernwirkung von stärkeren Erdbeben, die z.B. im Mittelmeerraum stattfinden, kommt.

Leichte Erdbeben können dadurch ausgelöst werden, dass durch Baumaßnahmen die Gleichgewichtsverhältnisse der Gesteine an oder nahe der Oberfläche deutlich verändert werden. Dieses ist z.B. möglich im Zusammenhang mit der Aufschüttung von großen Talsperren-Dämmen oder der Füllung bzw. Überfüllung von Staubecken (Beispiel: Lake Mead-Staudamm in Arizona, USA). Die bei solchen Ereignissen auftretenden Erdbeben werden offenbar dadurch ausgelöst, dass durch die zusätzlichen Belastungen in den unterlagernden Gesteinen hohe Porenwasserdrücke erzeugt werden, welche den Scherwiderstand der Gesteine besonders in den Kluftzonen herabsetzen. In einem anderen Beispiel (Denver, Colorado, USA) wurden leichte Erdstöße dadurch hervorgerufen, dass man beim Verpressen von Abwässern in den Untergrund eine Verwerfungslinie angetroffen hatte, an der dann wiederholt Bewegungen aufgetreten sind.

4 Lockergesteine als Baugrund

4.1 Die Bezeichnungen „Lockergestein" und „Boden"

Von Geowissenschaftlern wird als Gegensatz zu „Festgestein" (= Fels) die Bezeichnung „Lockergestein" benutzt. Im Bauingenieurwesen, besonders in der Bodenmechanik, nennt man dagegen den Untergrund insgesamt „Boden". In diesem Sinn wird die Bezeichnung „Boden" im vorliegenden Text nicht verwendet, weil Geologen, Bodenkundler und Landwirte unter Boden nur die zuoberst liegende Zone verstehen, in der durch Verwitterungs- und andere chemische sowie biologische Prozesse eine deutliche Veränderung der Locker- oder Festgesteine des eigentlichen Untergrundes eingetreten ist. Böden im geowissenschaftlichen Sinne sind in Deutschland meist nur einige Zentimeter oder Dezimeter mächtig, in warm-feuchten Tropengebieten können es mehrere Zehner von Metern sein. Darunter folgt dann das feste oder lockere Ausgangsgestein.

Bodenbildende Prozesse benötigten oft Millionen von Jahren, wobei in Deutschland bedacht werden muss, dass das Klima während der Tertiär- und der Kreide-Zeit (vor etwa 30 bis 100 Millionen Jahren) wesentlich tropischer war als es in der Gegenwart ist und die Reste der damaligen tropischen Verwitterung und Gesteinsveränderung noch heute vorhanden sein können.

4.2 Einteilung der Lockergesteine nach der Korngröße

Lockergesteine werden nach der Größe der Körner bzw. Partikel, die an ihrer Zusammensetzung beteiligt sind, unterteilt. Die hierbei zu Grunde gelegten Einteilungen sind nicht nur in den europäischen und außereuropäischen Ländern, sondern auch in einzelnen Tätigkeitsbereichen verschieden, so gelten z. B. in Deutschland im Straßenbau andere Einteilungen als im Betonbau. In den Geowissenschaften wird in Deutschland üblicherweise eine Korngrößeneinteilung benutzt, wie sie auch der DIN 4022-1 (Baugrund und Grundwasser, Benennen und Beschreiben von Boden und Fels) zu Grunde liegt (Tabelle 4.1).

Statt Schluff wird oft auch die Bezeichnung Silt verwendet. Die genannten Kornklassen bzw. Prüfkorngrößen können durch die Zusätze Fein-, Mittel- und Grobnoch weiter unterteilt werden (z. B. Grobsand). Namengebend ist immer die Kornklasse, in die mindestens 50 Gewichtsprozent des untersuchten Lockergesteins

Tabelle 4.1. Korngrößen der verschiedenen Lockergesteine

Material	Korndurchmesser in mm
Blöcke	> 2000
Steine	60 – 2000
Kies	2 – 60
Sand	0,06 – 2
Schluff	0,002 – 0,06
Ton	< 0,002 (= 2 μm)

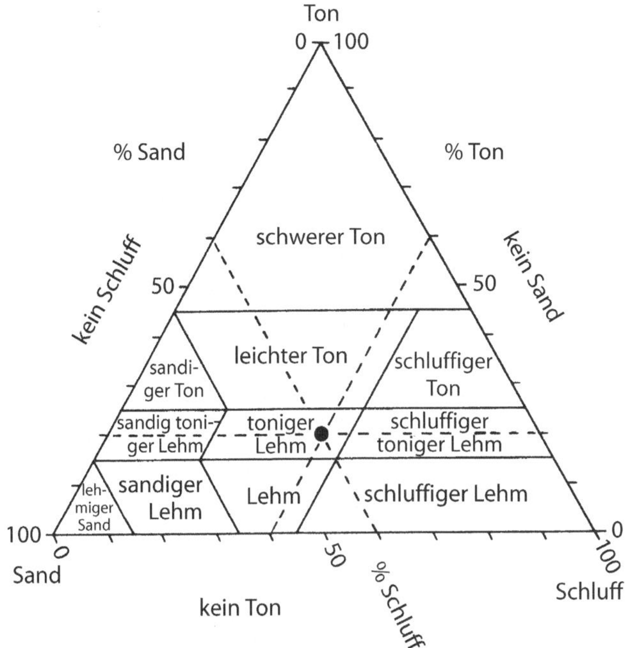

Abb. 4.1. Dreiecksdiagramm für das Dreikomponentensystem Sand/Schluff/Ton mit den üblichen Benennungen für die einzelnen Mischungsglieder. Der Punkt bezeichnet das in Abschn. 4.2 genannte Lockergesteine aus 40% Sand, 40% Schluff und 20% Ton. [Nach Kezdi A (1964) Bodenmechanik, Bd. 1. VEB Verlag für das Bauwesen, Berlin, und Verlag der Ung. Akad. Wiss. Budapest, 424 S]

fallen. Die übrigen Anteile werden durch ergänzende Adjektive berücksichtigt. Ein Lockergestein aus 60% Kies, 30% Sand und 10% Schluff ist demnach ein „schwach schluffiger sandiger Kies". Erreicht keine Kornklasse 50 Gewichtsprozent, kann man beide Hauptkomponenten nennen: Ein Lockergestein mit der Zusammensetzung 40% Sand, 40% Schluff und 20% Ton heißt demnach „toniger Schluff und Sand" oder einfacher „toniger Lehm" (Abb. 4.1). An dieser Stelle soll auch auf die DIN 18196 (Erd- und Grundbau; Bodenklassifikation für bautechnische Zwecke) hingewiesen werden.

Während in einem Lockergestein die Kies- und Sandanteile meist mit bloßem Auge zu erkennen und identifizieren sind, ist die genaue Unterscheidung zwischen Schluff/Silt und Ton ohne Laboruntersuchung kaum möglich. Sie ist jedoch nicht nur für eine richtige Benennung der Proben wichtig, sondern vor allem im Hinblick auf die meist unterschiedlichen Eigenschaften dieser Lockergesteinsarten nötig (vgl. Abschn. 4.5). Einfach anzuwendende Feldmethoden können hier eine erste Information geben:

- Bei der *Fingerprobe* wird das trockene Lockermaterial zwischen den Fingern gerieben, wonach in den Fingerrillen bei Ton ein glatter, sich seifig anfühlender (Tonminerale), bei Schluff dagegen ein eher rau-körniger Belag (Quarz- oder Glimmerkörnchen) hängen bleibt.
- Für die *Schüttelprobe* wird aus durchfeuchtetem Lockermaterial eine Kugel gebildet und diese auf der Handfläche mit kreisenden Bewegungen geschüttelt. Wenn dabei die Oberfläche der Kugel glänzend wird,

weil Wasser austritt, handelt es sich um Schluff, während eine Kugel aus Ton trocken bleibt.

- Bei der *Beißprobe* wird vorsichtig auf eine kleine Kugel oder Rolle aus Lockermaterial gebissen; im Fall von Ton ist der Biss glatt, im Fall von Schluff kann es leicht knirschen (Körnchen von Quarz und/oder Feldspäten).

4.3 Arten der Lockergesteine und deren Entstehung

Viele Lockergesteine können als Mischungen von jeweils 3 Komponenten angesehen werden. Am häufigsten sind die Mischungen von Kalk/Sand/Ton und von Sand/Schluff/Ton. Die Zusammensetzungen solcher Mischungen werden üblicherweise in Dreiecksdiagrammen dargestellt, bei denen jeder Ecke Anteile von 100% und der jeweils gegenüberliegenden Seite Anteile von 0% der Komponenten entsprechen. Abbildung 4.1 ist hierfür ein Beispiel, sie zeigt das Dreieck Sand/Schluff/Ton und die üblicherweise für die einzelnen Mischungsglieder verwendeten Bezeichnungen.

Lockergesteine, die häufig auftreten, haben lange eingeführte Namen, die in der Literatur zumeist noch heute verwendet werden:

Mergel ist ein Gemisch aus Sand, Ton und Kalk.

Lehm ist ein Gemisch aus Sand und Ton, das meist gelblich-bräunlich gefärbt ist, weil die einzelnen Sand- bzw. Quarzkörner mit dünnen Häutchen von bräunlichen Eisenhydroxiden überzogen sind. Nicht selten sind

Lehme infolge von Verwitterungsprozessen aus Mergeln entstanden.

Besonders in Norddeutschland und auch im Alpenvorland kommen oft *Geschiebemergel* oder *-lehme* vor, die so bezeichnet werden, weil sie reichlich kleinere oder größere Gesteinsbrocken (Geschiebe) enthalten. Die Geschiebe wurden während der Vereisungen in der Quartär-Zeit durch Inlandeisströme aus Skandinavien nach Norddeutschland oder durch Talgletscher aus den Alpen ins Alpenvorland transportiert. Wenn Geschiebemergel oder -lehme abgetragen werden, bleiben die größeren Geschiebe als *Findlinge* liegen.

Löss ist ein Schluff, der in Mitteleuropa während des eiszeitlichen kalten Klimas aus vegetationsarmen Talniederungen und Schotterebenen durch meist von Westen kommende Winde angeweht wurde. Deswegen findet sich in Deutschland Löss vor allem an den Westseiten der Täler bzw. Osthängen der Berge, weil er im Windschatten der Täler abgelagert und von den Osthängen nicht wieder abgeblasen wurde, so wie es an den Luvseiten (Ostseiten) der Täler der Fall war (Abb. 4.2). Frischer Löss ist häufig kalkig, bei Verwitterung wird er entkalkt und geht in Lösslehm über. Der herausgewitterte bzw. -gelöste Kalk scheidet sich in Form von unregelmäßig geformten Knollen (Konkretionen), die *Lösskind(e)l* oder Lösspuppen genannt werden, meist in den unteren Lagen der Lössschichten ab. Infolge des Windtransports setzt sich Löss aus Körnchen etwa gleicher Größe (Durchmesser meist zwischen 0,02 und 0,05 mm) von zumeist Quarz, aber auch wenigen Feldspäten, Glimmern und anderen Mineralen zusammen. Die einheitliche Korngröße des Lösses bedingt eine Art loser Kugelpackung und damit

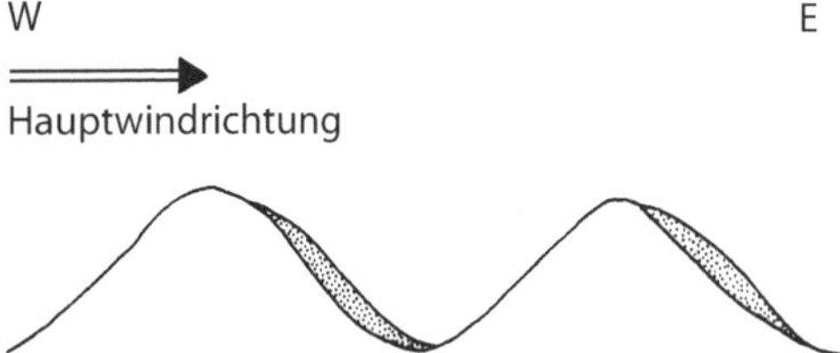

Abb. 4.2. Vorkommen von windabgelagertem Löss, schematischer Profilschnitt: In Mitteleuropa hauptsächlich an den Westseiten der Täler (= Osthängen). *E* = Ost

ein großes Porenvolumen, das 40% oder mehr betragen kann. Damit hat Löss eine hohe Durchlässigkeit für Luft und auch Wasser, deren Folge eine vergleichsweise hohe Standfestigkeit ist. Lössgebiete oder -bereiche (z. B. im Wald) sind deswegen oft schon an vergleichsweise tiefen Rinnen zu erkennen, die dem Gefälle folgend die Hänge herunterlaufen. Die gute Durchwurzelbarkeit, Durchlüftung und das Fehlen von Staunässe sind wesentliche Gründe für die große Fruchtbarkeit von Lössgebieten.

In Deutschland erreichen die Lössschichten örtlich Mächtigkeiten bis etwa 40 m (Kaiserstuhl). Nördlich der Mittelgebirge, d.h. im norddeutschen Tiefland, gibt es keinen Löss, dafür aber gebietsweise (z. B. in der Lüneburger Heide) den etwas grokörnigeren *Sandlöss*, der im Hamburger Gebiet und in der Altmark auch als *Flottsand* bezeichnet wird. Die Mächtigkeit des Sandlösses überschreitet selten etwa 1 m.

Kies, *Sand* und *Ton* kommen in ganz Deutschland in Flusstälern vor, abgelagert von den heutigen Flüssen bzw.

deren Vorläufern. Die meisten Flusskiese wurden in den Eis- bzw. Kaltzeiten abgelagert. Die Zusammensetzung und damit die Qualität der Kiese ist sehr unterschiedlich, sie hängt von den Gesteinen ab, die im Einzugsgebiet der jeweiligen Flüsse vorhanden sind. Sande aus Flüssen bestehen neben wenig Feldspäten und Glimmern hauptsächlich aus Quarz. Wichtig ist, dass nicht bei allen Flüssen die Zusammensetzung der Kiese mit der Zusammensetzung der Sande übereinstimmt: Ein Beispiel hierfür ist die Leine bei Hannover, bei der die Kiese reichlich Kalk-/Mergelsteine enthalten, die Sande aber durch Quarz bestimmt werden. Tone haben sich vor allem in Bereichen früherer Altarme der Flüsse gebildet.

Ein zweiter Bereich mit größeren Vorkommen von Kiesen, Sanden und auch Tonen sind die Gebiete Norddeutschlands und des Alpenvorlandes, die während der Eis- bzw. Kaltzeiten von Gletschereis bedeckt waren, in denen Geschiebemergel/-lehme abgelagert wurden oder mächtige Ströme von Schmelzwässern abgeflossen sind und ihre Ablagerungen hinterlassen haben. Eine weitere Möglichkeit für Vorkommen von Sand- und Ton, seltener auch Kies, ist dort gegeben, wo Lockergesteine aus der Tertiär- oder einer noch älteren Zeit verbreitet sind (z.B. im Raum Köln/Bonn Ablagerungen aus der Tertiär-Zeit; in Wrexen bei Niedermarsberg gebleichter und entfestigter Buntsandstein).

Als *Schlick* wird tonig-schluffiges Lockergestein bezeichnet, das stark wasserhaltig und reich an organischen Resten ist. Es bildet sich in Talauen, Altarmen und -wässern und verlandenden Seen. An der Küste der Nordsee kommt in den Marschgebieten der ähnlich zusammengesetzte *Klei* vor. Schlick und Klei sind meist wenig tragfähig und neigen stark zu Setzungen, sie sind deshalb als Baugrund sehr problematisch. Bei Aushubarbeiten besteht leicht die Gefahr des Abrutschens oder Einsinkens von Maschinen und Gerät.

Torf ist eine typische Bildung von Moorgebieten, er besteht überwiegend aus Resten von Torfmoosen. Torfe sind vor allem in den ehemaligen Vereisungsbereichen des norddeutschen Tieflandes und des Voralpenlandes verbreitet, daneben aber auch in abflusslosen Hochlagen der Mittelgebirge (z.B. in der Rhön). Für Gründungen von Bauwerken ist Torf-haltiger Untergrund in der Regel ungeeignet. Müssen solche doch in Moorgebieten erfolgen, wird der Torf bis auf einen tragfähigen Untergrund ausgeräumt (ausgekoffert), manchmal auch weggesprengt. Probleme entstehen vielfach dadurch, dass Torflagen von Sanden zugedeckt sein können und dass sie auf geologischen Karten manchmal nicht verzeichnet sind oder bei Vorerkundungen nicht erkannt wurden. In jedem Fall sollten alte Flurnamen, die auf Torf, Moor oder Ähnliches hinweisen, sorgfältig beachtet und in Zweifelsfällen gezielte Untersuchungen durchgeführt bzw. veranlasst werden (seismische Verfahren, Abbohren; vgl. Abschn. 6.4 und 6.6).

4.4 Zusammensetzung und Gefüge von Lockergesteinen und deren Untersuchung

4.4.1 Korngrößenverteilung

Die Ermittlung der Korngrößenverteilung von Lockergesteinen erfolgt bei Material mit Korngrößen von >0,06 mm meist durch *Trockensiebung*, wobei Rundloch- oder Maschensiebe benutzt werden. Material, das feinkörniger als 0,06 mm ist, also Tone und Schluffe/Silte, trennt man durch *Schlämmen* in die einzelnen Korngrößenfraktionen. Hierbei wird das Lockermaterial in Standzylindern mit Wasser oder anderen Flüssigkeiten aufgerührt und die Zeit ermittelt, in denen sich die Partikel absetzen. Deren Sinkgeschwindigkeit ist den jeweiligen Korngrößen äquivalent, d. h. die Fallzeiten werden umso länger, je kleiner die Partikel sind.

Für die Darstellung der ermittelten Korngrößenzusammensetzung gibt es mehrere Möglichkeiten. Am häufigsten wird eine *Summenkurve* bzw. *-linie* gezeichnet. Diese ermöglicht die Angabe verschiedener Kennwerte, z. B. des Medianwertes (= Md = Korngrößenwert, bei dem die Summenkurve die 50%-Linie schneidet), der Ungleichförmigkeitsziffer (U), die anzeigt, ob das Lockersediment gut oder schlecht klassiert ist (Hinweis: In der Geologie wird oft von Sortierung gesprochen, wenn Klassierung gemeint ist). Die Ungleichförmigkeitsziffer wird ermittelt, indem die zu den 60%- und 10%-Werten (bei manchen Autoren auch 80- und 30%-Werte) der Summenkurve gehörenden Korngrößenwerte abgelesen und der erste Wert durch den zweiten geteilt

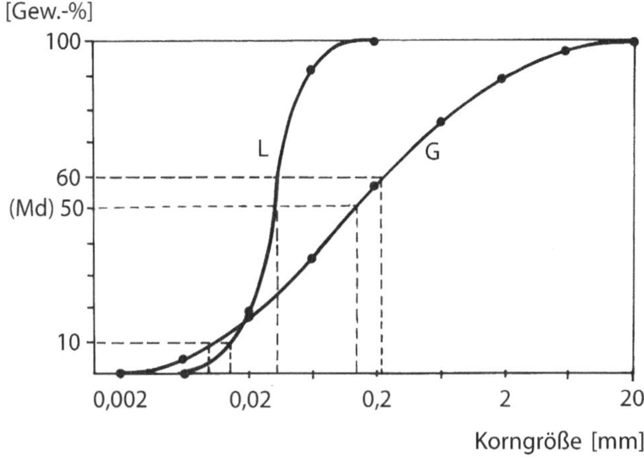

Abb. 4.3. Korngrößenzusammensetzung von Lockergesteinen, dargestellt in Form von Summenkurven (Teilung der Abszisse logarithmisch). *L* = gut klassierter Löss mit einem Medianwert *(Md)* von ca. 0,033 und einer Ungleichförmigkeitsziffer *(U)* von ca. 2,7; *G* = schlecht klassierter Geschiebelehm mit Md = 0,14 und U = 23

wird (Abb. 4.3). Ungleichförmigkeitsziffern von < 5 zeigen eine gleichförmige Korngrößenverteilung (= gute Klassierung), die von > 5 eine ungleichförmige Korngrößenverteilung (= schlechte Klassierung) an.

Die relativ einfach zu ermittelnde Ungleichförmigkeitsziffer kann Hinweise geben, die ingenieurgeologisch von Bedeutung sind: Lockergesteine z.B. lassen sich besser verdichten, je ungleichkörniger sie ausgebildet sind (U > 15), Kornabgestufte Sande und Kiese, die als Betonzuschlag verwendet werden, sollten noch ungleichkörniger sein oder entsprechend zusammengemischt werden (möglichst U = 36).

4.4.2 Kornform, Porenvolumen, Wassergehalt

Wichtig für die Eigenschaften besonders von Lockergesteinen ist die *Kornform.* Ein aus eckigen Körner zusammengesetzter Sand („scharfer" Sand) hat eine höhere innere Reibung und damit eine bessere (Stand)festigkeit als Untergrundmaterial oder ergibt als Zuschlag einen festeren Betonmörtel. Wenn die Form der Einzelkörner direkt ermittelt werden soll, muss das relativ zeitaufwendig unter dem Mikroskop geschehen, meist unter Zuhilfenahme von Vergleichsbildern. Seit kurzer Zeit gibt es auch Geräte auf dem Markt, die auf photooptischen Methoden basieren und mit denen man recht schnell Kornform- und Korngrößenanalysen von verschiedenen Schüttgütern vornehmen kann.

Korngrößenverteilung und Kornformen von Gesteinen, insbesondere Lockergesteinen, beeinflussen deren *Porenvolumen.* Die Poren von Lockergesteinen enthalten oft Wasser, teilweise können sie völlig mit Wasser gefüllt (gesättigt) sein. Bei Belastung entsteht ein Porenwasserdruck, der so groß werden kann, dass das Gefüge des Gesteins zerstört wird. Jedes Lockergestein hat entsprechend seinem Porenvolumen und seines *Wassergehalts* bzw. seiner Wassersättigung eine unterschiedliche Dichte. Wenn diese Dichte am höchsten ist, weist das Lockergestein seine größte Standfestigkeit oder Belastbarkeit auf. Dieser Wert, also der optimale Wassergehalt bzw. die höchste Dichte, wird im sog. *Proctor-Versuch* ermittelt. Dabei werden Proben des Lockergesteins mit jeweils unterschiedlichen Wassergehalten in einen Behälter gestampft und dann deren Dichte festgestellt. Die optimalen Wassergehalte für übliche Lockergesteine, die nicht verdichtet wurden, werden etwa wie folgt angegeben (in Vol.-%):

- Lehm: 12 – 14
- Lösslehm: 17 – 21
- Schluff: 13 – 17
- Ton: 20 – 40.

4.4.3 Mineralzusammensetzung

Lockergesteine mit Korngrößen über 0,02 mm (20 µm), also Kiese, Sande und Grobschluffe, bezeichnet man als *nichtbindiges*, solche mit Korngrößen unter 0,02 mm, also Feinschluffe und Tone, als *bindiges* Material. Grund für diese Bezeichnungen sind typische Unterschiede zwischen beiden Gruppen, die durch ihre Zusammensetzung bedingt sind: Kiese bestehen überwiegende aus Bruchstücken oder Geröllen von verschieden zusammengesetzten Gesteinen, Sande und Grobschluffe dagegen aus Mineralen (überwiegend Quarz, Feldspäte und Glimmer; vgl. Abb. 4.4). Die Minerale sind ebenso wie die Gesteinsbruchstücke meist fest und hart.

In den bindigen Lockergesteinen (Feinschluffe und Tone) herrschen dagegen Tonminerale vor (Abb. 4.4). Hierunter werden eher weiche Minerale mit schichtigem Kristallaufbau zusammengefasst, welche das bindige oder weich-plastische Verhalten der sehr feinkörnigen Lockergesteine verursachen. Häufig vorkommende Tonminerale sind Illit, Kaolinit und Montmorillonit bzw. Smektit. Die zuletzt genannten Tonminerale haben die Eigenschaft, dass sie ein Vielfaches ihres Volumens an

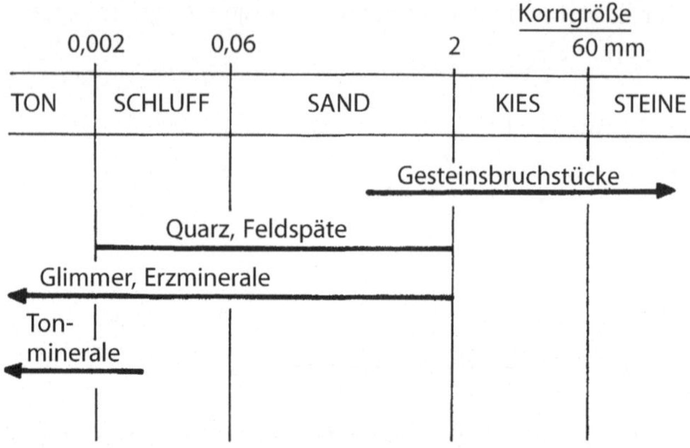

Abb. 4.4. Komponenten (mineralogische Zusammensetzung) von Lockergesteinen in Abhängigkeit von ihren Korngrößen

Wasser aufnehmen, aber auch wieder abgeben können. Je nach Grad der Durchfeuchtung neigen Montmorillonit-haltige Lockergesteine deshalb zu starken Quellungen oder Schrumpfungen, woraus sich durchaus Gründungsprobleme ergeben können (vgl. Abschn 4.6). Auf der anderen Seite besteht die Möglichkeit, die quellfähigen Tonminerale für verschiedene technische Zwecke zu verwenden (z. B. als Zusatz zu Spülflüssigkeiten bei Tiefbohrungen, die dann in ihrer Dichte den jeweils durchbohrten Gesteinen angepasst werden können, oder in Zementlösungen für Verpress- bzw. Abdichtungsbohrungen, weil sie im Gestein aufquellen und Risse und Poren zusetzen). Reine oder nahezu reine Montmorillonit-Tone, die auch als Bentonite (nach Funden bei Fort Benton, Montana, USA) bezeichnet werden, sind deshalb ein gesuchter Rohstoff.

4.5 Bodenmechanische Eigenschaften von Lockergesteinen

Mit der Untersuchung der bautechnischen Eigenschaften der verschiedenen Gesteine, besonders der Lockergesteine, befasst sich die Bodenmechanik. In diesem Text wird auf dieses Fachgebiet nur insoweit eingegangen, als enge Beziehungen zur Geologie und Gesteinskunde bestehen.

Wichtig bei bindigen Lockergesteinen ist deren *Zusammendrückbarkeit* bzw. das Setzungsverhalten. Dieses ist umso größer, je lockerer die Probe ist. Die Überprüfung des Setzungsverhalten erfolgt zumeist mit einer Versuchsanordnung, bei der eine ungestörte Probe des Lockergesteins in einem Stahlzylinder zusammengedrückt wird. Es zeigt sich folgender typischer Kurvenverlauf:

Bei beginnender Belastung ist die Zusammendrükkung am größten, um dann bei steigendem Belastungsdruck immer geringer zu werden. Bei einer nachfolgenden Entlastung erfolgt eine Ausdehnung des Materials, die den Ausgangswert aber nicht erreicht. Bei erneuter Belastung nähert sich die Verdichtungslinie der Kurve der ersten Belastung, aber diesmal mit einem deutlich weniger gebogenen Verlauf (Abb. 4.5). Anhand der bei einem Belastungsversuch auftretenden Kurven lässt sich damit feststellen, ob ein Lockergestein erstmalig belastet wird oder schon einmal vorbelastet wurde. Letzteres ist z. B. verbreitet in Norddeutschland der Fall, weil hier die Lockergesteine während der Eiszeiten durch eine Decke von Inlandeis zusammengedrückt wurden. Deren Mächtigkeit bzw. Dicke hat im Raum Hannover/Braunschweig

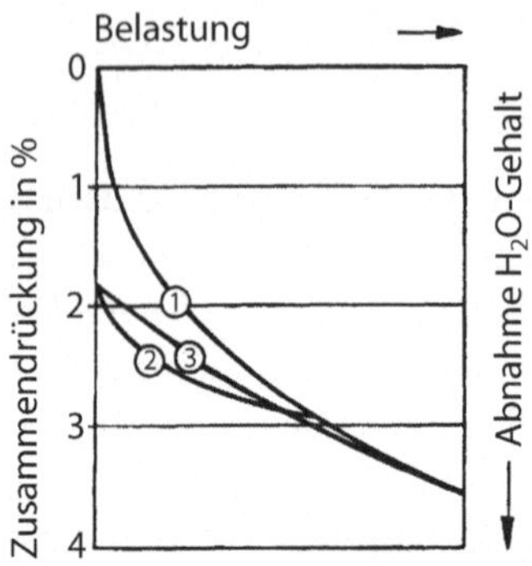

Abb. 4.5. Zusammendrückbarkeit von tonigen Lockergesteinen bei erstmaliger Belastung (*1*), nachfolgender Ausdehnung (*2*) und erneuter Belastung (*3*)

etwa 200 – 300 m betragen, um in Schleswig-Holstein bis auf mehr als 500 m anzusteigen.

Bei wassergesättigten bindigen Lockergesteinen führen Belastungen leicht zur Zerstörung des Korngerüstes. Die Folge sind Fließ- und Rutscherscheinungen, die zu erheblichen Bauwerkssetzungen führen können.

Eine andere wichtige Eigenschaft von Lockergesteinen ist deren *Scherfestigkeit*, die zur Berechnung der Tragfähigkeit, Standsicherheit von Böschungen o. Ä. ermittelt wird. Die Größe der Scherfestigkeit wird mit Geräten gemessen, in denen die ungestörte Probe unter Belastung abgeschert wird. Unterschiedliche Werte der Scherfestigkeit zeigen sich sehr deutlich bei Sand, der sowohl trocken als auch wassergesättigt eine nur geringe, durchfeuchtet dagegen eine große Scherfestigkeit aufweist. Im feuchten Sand werden die einzelnen Sandkörner durch kapillare Kräfte zusammengehalten; er ist (z.B. an einem Strand) deshalb meist gut mit Kraftfahrzeugen zu befahren oder sogar als Flugpiste zu benutzen. Zu bedenken ist, dass in manchen, vor allem feinkörnigen Lockergesteinen die Scherfestigkeit auch von den geologischen Bildungsbedingungen abhängen kann: So ist vielfach bei Tonen, die im Meer gebildet wurden, aufgrund anderer Tonminerale und eines anderen Korngefüges die Scherfestigkeit anders als bei Tonen, die auf dem Festland entstanden sind.

Ebenfalls von Bedeutung ist die *Durchlässigkeit* von Lockergesteinen. Ist diese gering, kann eindringendes Grund- oder Sickerwasser einen Strömungsdruck erzeugen, der das Korngerüst auflockert und einen hydraulischen Grundbruch verursacht. Besonders gefährdet sind unter den Lockergesteinen Feinsande und Schluffe, die durch geringe Durchlässigkeiten und geringe Haftfestigkeiten der Körner untereinander gekennzeichnet sind. Kiese und Grobsande dagegen haben eine größere Durchlässigkeit, Tone eine größere Haftfestigkeit der Partikel (Tonminerale) untereinander. Die geringe Festigkeit der Feinsande und ihre Neigung zum Rutschen/Fließen kommt auch in den schon alten Bezeichnungen „Schleichsand" (für einen feinkörnigen Sand aus der Tertiär-Zeit in der Umgebung von Mainz) oder „Flottsand" (= rasch, schwimmend; vgl. engl. „float"; für Sandlöss aus der Quartär-Zeit in der Umgebung von Hamburg und der Altmark) zum Ausdruck. Extrem mobile Feinsande und Schluffe werden auch als Treib- oder Schwimmsand bezeichnet. Sie sind nur dann einigermaßen zu verfestigen, wenn es gelingt, das einsickernde oder zuströmende Wasser durch Abdichtungen oder Mauern fern zu halten.

4.6 Baugrundprobleme bei Lockergesteinen

Bei auf Lockergesteinen errichteten Bauwerken sind manchmal geringfügige Senkungen weniger schädlich, wenn diese einigermaßen gleichmäßig erfolgen. Problematisch wird es besonders dann, wenn Senkungen in meist ungeordnet verlaufende Sackungen übergehen, die nicht mehr zu berechnen und beherrschen sind. Einige überwiegend durch Gesteine, also geologisch bedingte mögliche Ursachen für Senkungen bzw. Setzungen werden im Folgenden kurz aufgeführt:

Ungleichmäßiger Untergrund

In Einzelfällen wurden und werden Gebäude so errichtet, dass sie auf einem geologisch unterschiedlichen Untergrund stehen. Als Beispiel sei eine Brücke genannt, deren eine Seite auf festem Fels und die andere auf Lockergesteine gegründet ist. Die in diesem Fall zu erwartenden möglichen Setzungen sollten berechnet und in die Planung mit einbezogen werden. Bei Gebäuden kann hilfreich sein, wenn sie auf eine Bodenplatte gestellt werden. Wie die Erfahrung zeigt, gelingt es aber bei ungleichmäßigem Untergrund nicht in allen Fällen, Setzungsschäden zu vermeiden, weil manchmal die geologisch bedingten Inhomogenitäten unterschätzt werden.

Volumenveränderungen

Torf-haltige und tonige Lockergesteine mit quellfähigen Tonmineralen zeigen bei unterschiedlicher Durchfeuchtung vielfach deutliche Volumenunterschiede. Längere Trockenperioden lassen einen derartige Untergrund als festen Baugrund erscheinen, bei starker Durchfeuchtung wirkt er dagegen eher weich und aufgequollen. Beide genannten Lockergesteine sollten möglichst nicht bebaut oder sogar entfernt werden. Wenn dieses nicht möglich ist, muss bei Baumaßnahmen von möglichen ungünstigsten Extremzuständen ausgegangen werden, damit nicht bei Änderung oder Normalisierung der Niederschlags- und Grundwasserverhältnisse durch eine Volumenanpassung der genannten Lockergesteine Bauschäden möglich sind. Solche können sich z. B. in der Zerstörung von Kellern oder Fundamenten äußern. Schon Wasserentzug durch große Bäume kann zu einer lokal wirksam werdenden Schrumpfung von tonigen Lockergesteinen in Untergrund und damit zu – wenn auch geringfügigen – Setzungen führen.

Aufgeschüttetes Gelände

Zugeschüttete Sand- und Tongruben, Tagebaue, Steinbrüche und mehr noch ehemalige Müllkippen sind nicht nur wegen ihres möglicherweise schädlichen Inhalts, sondern auch als Baugrund meist sehr problematisch. In der Regel liegen keine Unterlagen darüber vor, welches Material zur Verfüllung benutzt wurde und wie diese erfolgt ist. Man muss davon ausgehen, dass sie sehr inhomogen ist. Auch gründliche Sondierungen (Bohrungen o.Ä.) ermöglichen oft nur eine ungefähre Beurteilung; von geologischer Seite ist auch keine eindeutige Aussage möglich. In manchen Fällen hat sich ein „Probieren“ als sinnvoll erwiesen: Ein Beispiel hierfür ist der Bau einer Autobahnstrecke durch das Gebiet der ehemaligen Braunkohlentagebaue in der Gegend von Köln; dort hat man abgewartet, wie sich Brückenfundamente im aufgefüllten Untergrund verhalten, bevor dann aufgetretene

Setzungen und Neigungen nachträglich ausgebessert wurden.

Bergbaugebiete

Wo Bergbau, besonders untertägig, betrieben wurde oder noch wird, sind sog. Bergschäden durch Setzungen oder Einbrüche möglich, sowohl bei Gebieten mit Locker- als auch Festgesteinen. Unregelmäßige Gruben oder Vertiefungen, die mit einer Bergbau- oder Abbautätigkeit zusammenhängen und auf diese hinweisen, werden oft als „Pingen“ bezeichnet. In vielen Fällen sind Unterlagen, Karten und Pläne über die frühere Bergbautätigkeit nicht mehr vorhanden, zuständig sind in erster Linie die jeweiligen Bergämter. In ausgesprochenen Bergbaugebieten (z. B. Ruhrgebiet) gelten für Baumaßnahmen besondere Vorschriften.

Schäden durch neu errichtete Nachbargebäude

An Gebäuden, die auf Lockergesteinen gebaut worden sind, kann es zu Schäden kommen, wenn daneben neue und schwere Gebäude errichtet werden, weil damit die Tragfähigkeit des Untergrundes überschritten worden ist. Typisch in derartigen Fällen ist die Ausbildung eines Grundbruchs entlang einer Hauptspannungslinie oder das Auftreten von Mauerrissen, die etwa senkrecht verlaufen, im Erstgebäude.

Auslaugungen in Gesteinen des Untergrundes

Wo in Festgesteinen des Untergrundes Auslaugungen stattfinden, sind in den darüber liegenden Lockergesteinen Senkungen und Sackungen möglich, wenn diese passiv der Volumenveränderung im Untergrund folgen.

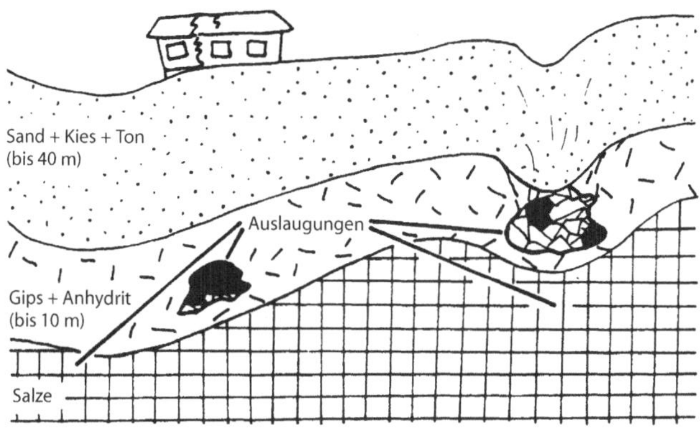

Abb. 4.6. Setzungen im Altstadtgebiet von Lüneburg, schematischer Profilschnitt. Allmähliche Auslaugung in den Salinargesteinen des Salzstocks im Untergrund führt zu langsamen Absenkungen oder plötzlichen Erdfällen, wenn Hohlräume in den aus Gips und Anhydrit bestehenden oberen Schichten des Salzstocks einbrechen

Derartige Erscheinungen äußern sich z. B. in der Bildung von Erdfällen im Zusammenhang mit Karst-Bildungen (vgl. Abschn. 5.3). Ein in Norddeutschland bekanntes Beispiel hierfür ist der Altstadt-Bereich von Lüneburg, der sich über einem Salzstock befindet. Infolge Auslaugung in den oberen Zonen des mehr als 20 m unter Gelände liegenden Gips- und Anhydrit-Gesteins, das den Hut des Salzstocks bildet, kommt es immer wieder zu Senkungen in den an der Oberfläche vorhandenen tonigen, sandigen und kiesigen Lockergesteinen. Bei Einbrüchen über Hohlräumen, die sich in der oberen Zone der Evaporit-Gesteine bilden, sind auch plötzliche Erdfälle möglich (Abb. 4.6). Seit 1949 mussten im Innenstadtbereich von Lüneburg infolge von Setzungsschäden schon etwa 200 Häuser/Gebäude abgebrochen werden. Nachdem vor einigen Jahren der Betrieb der Saline Lüneburg und damit die Förderung von Salzlauge eingestellt wurde, ist die Zahl der Senkungsschäden deutlich zurückgegangen.

Gesteinszerstörung durch Pflanzen

Pflanzen, besonders Bäume, können mit ihren Wurzeln natürliche Gesteine ebenso wie Pflasterungen oder Beton- und Asphalt-Decken auseinander treiben oder anheben. Nicht selten kann dieses Phänomen bei Fuß- und Radwegen, die neben Baumalleen verlaufen, beobachtet werden. Insgesamt sind die auftretenden Schäden eher gering, es muss aber berücksichtigt werden, dass der Wachstumsdruck der Pflanzen nahezu alle natürlichen und künstlichen Gesteine zerstören kann.

Maßnahmen gegen Senkungen/Sackungen

Die Erörterung von erforderlichen Maßnahmen gegen Senkungen/Sackungen gehört in die Bereiche Ingenieurgeologie und Bodenmechanik, sie werden deshalb hier nur kurz angedeutet.

Ein häufig angewendetes Mittel bei instabilem oder senkungsgefährdetem Untergrund sind Pfahlgründungen. Die Pfähle können aus verschiedenartigem Material bestehen, z.B. aus Holz, Beton oder auch Kies (Schottersäulen). Meist werden sie bis auf eine standsichere Schicht im Untergrund heruntergeführt, bei sachgemäßer Ausführung ist manchmal auch eine „schwebende Gründung" möglich. Weitere Möglichkeiten zur Verbesserung des Bauuntergrundes sind der völlige Aushub von ungeeigneten Lockergesteinen (Auskoffern) oder das Einrütteln von Steinen (Steinskelettgründungen). Lockergesteine können auch durch Walzen, Rütteln oder Rammen verdichtet und damit als brauchbarer Baugrund hergerichtet werden; in einigen Fällen ist schon eine Entwässerung oder Dränage hilfreich.

Ein wichtiges Verfahren zur Baugrundverbesserung ist das Verpressen, das bei Locker- und auch bei Festgesteinen angewendet wird. Unter Druck wird Zementmilch oder ein anderen Dichtungsmittel (z.B. Silika-Lösung) in Bohrlöcher eingepresst, um damit Poren und Hohlräume abzudichten und das Gestein insgesamt zu verfestigen. Damit das Verpressen des Untergrundes erfolgreich verläuft, sollten einige Punkte beachtet werden:

- Das zu verpressende Gesteinspaket sollte von möglicht undurchlässigem Ton oder Lehm überlagert und unterlagert und damit abgedichtet sein, damit die Verpressflüssigkeit nicht unkontrolliert versickern oder austreten kann.
- Das zu verpressende Gestein darf nicht extrem porös sein, weil dann eine Abdichtung kaum erreicht werden kann.
- Der Verpressdruck sollte nicht zu hoch sein, damit nicht überlagernde Schichten hochgetrieben werden.

Für eine vorübergehende Verfestigung von Lockergesteinen hat man auch Gefrierverfahren angewendet, vor allem im Schacht- oder Tunnelbau. Hierbei werden Kältelösungen in Rohren durch die entsprechenden Schichten (z.B. Schwimmsande).

4.7 Erdrutsche

Ein Erdrutsch in Lockergesteinen kann durch natürliche Ursachen oder infolge menschlicher Tätigkeit ausgelöst werden:

Natürliche Ursachen

- Durchfeuchtung nach lange anhaltenden Niederschlägen;
- Senkung des Wasserspiegels von Flüssen und Seen, wodurch im Uferbereichen (vor allem, wenn sie aus Auenlehm oder anderem feinsandigen Sediment aufgebaut sind) eine Abnahme des hydrostatischen Auftriebes und auch ein Erhöhung der Dichte der Lockergesteine erfolgen kann; oft nach vorhergehenden Überflutungen;
- Unterschneidung von Böschungen, insbesondere durch Flüsse;
- Auflockerung durch Frost- und Tauwechsel;
- Erschütterungen durch Erdbeben.

Ursachen infolge menschlicher Tätigkeit

- Aufbringen von Lasten durch Bauwerke,
- Anlage von An- und Einschnitten,
- Erschütterungen durch Sprengungen.

In den meisten der genannten Fälle ist Einfluss von Wasser entscheidend. Erste Vorsichts- bzw. Gegenmaßnahme gegen Rutschungen jeder Art ist deshalb eine Entwässerung oder zumindest das Abfangen von zufließendem Wasser durch Anlage von Gräben, Sickerschlitzen oder ähnlichen Anlagen. Weitere vorbeugende Maßnahmen sind die Errichtung von Stützbauwerken (Pfähle, Mauern) und eine baldige Bepflanzung.

Von bautechnischer Seite berechnete und ausgeführte Böschungsneigungen werden von Geologen manchmal als zu steil empfunden, weil ihnen bewusst ist, dass die Zusammensetzung von Lockergesteinen und damit deren jeweilige Wassergehalte vielfach stark schwanken können. Als Beispiel hierfür seien Mergel genannt: in trockenem Zustand sind sie meist noch standfest bei Böschungswinkeln von 30–35°, in nassem Zustand nur bei solchen von meist weniger als 15–20°. Besser als derartige Erfahrungswerte sind in jedem Fall bodenmechanische Untersuchungen und Berechnungen, die aber die oft komplizierten, gesteinsbedingten Verschiedenheiten einer Böschung möglichst komplett berücksichtigen sollten. Manchmal ist es durchaus sinnvoll, kleinere nachträgliche Rutschungen in Kauf zu nehmen, weil es weniger aufwendig ist, diese auszubessern, als die gesamte Böschung insgesamt flacher anzulegten. Allerdings besteht in derartigen Fällen teilweise die Gefahr, dass nachträglich auftretende Rutschungen erheblich größer werden, als vorher erwartet wurde.

Eine mögliche Rutschgefährdung eines Hanges ist oft leicht zu erkennen, wenn er mit Bäumen bestanden ist: Sind diese in ihren unteren Stammbereichen krückstockartig gebogen, dann hat am Hang Bodenkriechen stattgefunden, das die Bäume während ihres Wachstums auszugleichen versuchten (Abb. 4.7). Das Bodenkriechen wird sich vermutlich fortsetzen.

Einen Sonderfall innerhalb der rutschgefährdeten Lockergesteine bilden die sog. Quicktone oder Quick-

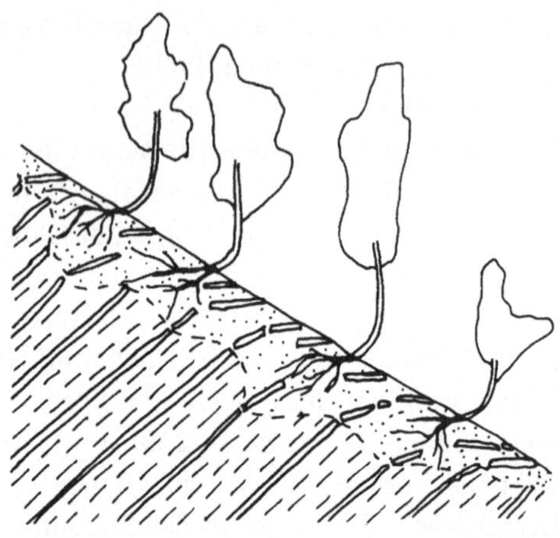

Abb. 4.7. Zeitweiliges Bodenkriechen in Lockergesteinen, die über festem Felsuntergrund lagern. Die Bäume haben durch Verbiegen ihrer Stämme versucht, die Rutschbewegungen auszugleichen. Die am Hang freiliegenden Gesteinsbänke täuschen falsche Lagerungsverhältnisse vor (Hakenschlagen)

lehme. Sie kommen in küstennahen Bereichen von Skandinavien und Nordamerika vor; sie wurden ursprünglich im Meer abgelagert. Durch die in den letzten rund 10 000 Jahren erfolgte Hebung dieser Gebiete liegen sie heute über dem Meeresspiegel, teilweise in Höhen von mehr als 100 m über NN. Diese Tone hatten ursprünglich einen deutlichen Salzgehalt (besonders Kochsalz = NaCl), der bei den Tonmineralen eine Aufnahme von viel Wasser in deren Schichtgittern ermöglicht (vgl. Abschn. 4.4.3). Danach wurden durch Einwirkungen von Niederschlägen und Grundwasser die Salze aus den Tonen ausgewaschen, wodurch sich das Wasserhaltevermögen der Tonminerale drastisch verringert hat. Der Wassergehalt selbst ist aber teilweise so hoch, dass er über der Fließgrenze der Tone liegt. Kleinste Erschütterungen oder eine weitere geringfügige Zunahme der Durchfeuchtung können Rutschungen selbst auf fast ebenem Gelände auslösen. Eine Stabilisierung der Quicktone, deren Verbreitungsgebiete möglichst nicht bebaut werden sollten, kann möglicherweise durch Aufbringen von Na-Salzen erreicht werden, weil dadurch das ursprüngliche Wasserhaltevermögen wieder hergestellt wird.

4.8 Frostschäden

Frostschäden in Lockergesteinen werden durch zwei verschiedene Vorgänge hervorgerufen: Einmal durch Hebungen infolge der Bildung von Eislinsen in Poren und Fugen des Gesteins und zum anderen durch eine Aufweichung beim Auftauen. Eislinsen bilden sich vor allem in solchen Lockergesteinen, die einerseits durchlässig sind und anderseits eine kapillare Saugkraft besitzen. Das ist vor allem bei Schluffen (Silten), zu denen auch Löss gehört, und Feinsanden der Fall (Abb. 4.8). Sie können fortlaufend vorhandenes Wasser ansaugen, das gefriert und Eislinsen entstehen lässt. Dadurch kommt es zu Hebungen und Frostaufbrüchen, die sich an Straßen und auch im Untergrund von Bauwerken bemerkbar machen. Die Eislinsenbildung ist außer von der Korngrößenzusammensetzung der Lockergesteine und einem möglichen Wassernachschub auch von der Eindringtiefe des Frostes abhängig.

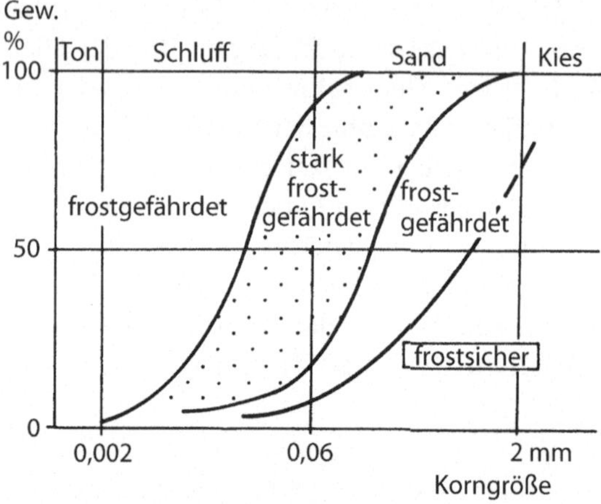

Abb. 4.8. Frostgefährdung von Lockergesteinen in Abhängigkeit von ihrer Korngrößenzusammensetzung, dargestellt in Summenkurven. [Nach Kezdi A (1964) Bodenmechanik, Bd. 2. VEB Verlag für Bauwesen, Berlin, und Verlag der Ung. Akad. Wiss., Budapest, 459 S]

Als Schutzmaßnahmen gegen Eislinsenbildung kommen in Frage: Ersatz des frostgefährdeten Schluffes durch frostsicheren Kies oder Sand, Absenkung des Grundwasserstande und/oder Unterbindung des Wassernachschubes durch Einbringen von Abdichtungen oder wasserstauenden Schichten wie Ton sowie eine Gründung unterhalb der Eindringtiefe des Frostes. Dies wird in Deutschland meistens bei etwa 80 cm unter Geländeoberkante angesetzt, sie kann aber in kalten Wintern mit vielen aufeinander folgenden Frosttagen auch im Norddeutschen Tiefland ausnahmsweise Tiefen von 1,5 m oder mehr erreichen (Abb. 4.9). An Rohbauten

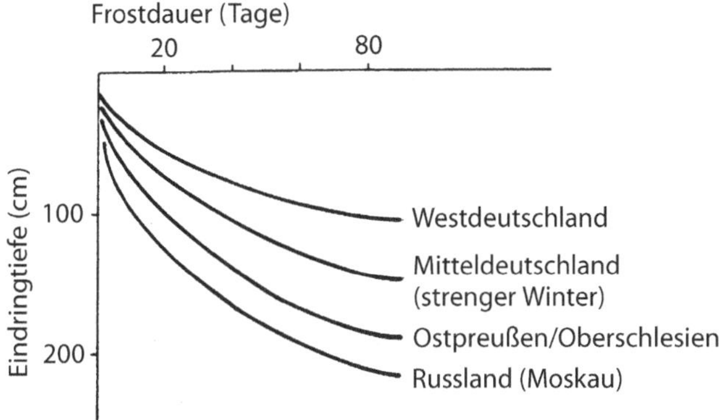

Abb. 4.9. Gemessene Eindringtiefen des Frostes bei lehmigen Untergrundgesteinen in Abhängigkeit von der Frostdauer (schematisch)

können Schäden besonders in Kellern dadurch entstehen, dass die Kälte durch Fensteröffnungen eindringt und es zu Eislinsenbildung kommt, obwohl das Bauwerk deutlich unter die Eindringtiefe des Frostes herunterreicht. Richtlinien für eine frostfreie Gründung sind in DIN 1054 (Baugrund) festgelegt.

Frostschäden beim Auftauen entstehen vor allem durch Wasserübersättigung infolge Eindringen/Zufließen von Schmelzwasser. Auch hier stellt Entwässern eine wichtige Gegenmaßnahme das, schon um bei erneutem Abkühlen eine Wiederholung der Eisbildung beim Gefrieren zu verhindern.

Spezielle ingenieurgeologische Maßnahmen, insbesondere bei Gründungen, sind in Gebieten erforderlich, in denen ein Dauerfrostboden ausgebildet ist (in arktischen und antarktischen Gebieten, z.B. in Nordkanada,

Alaska oder Sibirien). Hier taut der Untergrund im Sommer nur in den oberen Lagen auf, meist bis weniger als 1–2 m Tiefe. Das darunter liegende Gestein bleibt gefroren und damit undurchlässig für Wasser, sodass dieses sich in den Auftaubereichen staut. Dadurch weichen die oberen Lagen auf und werden plastisch-beweglich. Die Dauerfrostböden reichen teilweise bis in Tiefen von mehreren hundert Metern herab (in Alaska z.B. durchschnittlich 300–400 m, in Sibirien örtlich sogar bis über 1500 m!). Die Temperaturen in den gefrorenen Bereichen liegen bei –5 bis –10°C oder darunter. Die tiefreichenden Dauerfrostböden sind nicht unter dem gegenwärtigen Klima entstanden, sie stammen aus der letzten Eiszeit und sind damit mehrere tausend Jahre alt. Damals waren die Temperaturen in den betroffenen Bereichen noch wesentlich niedriger als heute. Die Erdwärme, d.h. die Zunahme der Temperatur mit der Tiefe, beträgt weltweit im Mittel etwa 3°C auf 100 m (vgl. Abschn. 6.2). In den Dauerfrostgebieten liegt sie aufgrund geologischer Gegebenheiten aber fast bei Null, sodass bei dem heutigen Klima dieses Erbe aus vergangenen geologischen Zeiten nicht verändert wird.

5 Festgesteine als Baugrund

5.1 Verstellung und Verfaltung von Festgesteinen

Druck und Zusammenschub im Verlauf von gebirgsbildenden Prozessen sind verantwortlich dafür, dass die ursprünglich etwa horizontal abgelagerten Sedimentgesteine in unterschiedlicher Weise verstellt und verfaltet sein können. Senkrecht aufgerichtete Gesteinsbänke werden mit einem alten Bergmannsausdruck als „saiger“ (bzw. „seiger“) bezeichnet. Das Ausmaß von Gesteinsverstellungen/-verfaltungen hat nichts mit dem Alter der jeweiligen Gesteine zu tun; auch Sedimentgesteine, die erst wenige Millionen Jahre alt sind, können deutlich verfaltet sein. Bei wesentlich älteren Gesteinen ist natürlich die Wahrscheinlichkeit, dass sie von Gebirgsbildungen erfasst wurden, erheblich größer, sodass geologisch ältere Gesteine auch häufiger stärker deformiert sind.

Verfaltungen reichen in ihren Dimensionen vom Millimeterbereich bis zu Größen von Zehnern von Kilometern. Die Tatsache, dass selbst sehr harte und spröde Gesteine, wie z. B. Quarzite oder Lydite (vgl. Tabellen 2.4 und 2.5), bruchlos verfaltet auftreten, erklärt sich dadurch, dass die Deformationen/Faltungen nach menschlichen Begriffen sehr langsam abgelaufen sind, d. h. in der Größenordnung von vielen Tausend Jahren.

Abb. 5.1. Verfaltete Gesteinsschichten im schematischen Profilschnitt. *Links*: Symmetrische Falten mit Sattel *(S)* und Mulde *(M)*; *rechts*: überkippte Falten mit einer Decken-Überschiebung (*Ü* = Überschiebungsbahn)

Nach unten durchgebogene Falten bezeichnet man als *Mulden*, nach oben gewölbte als *Sättel*. Falten können symmetrisch ausgebildet, senkrecht stehen oder geneigt bis überkippt sein. Bei starker Deformation kann es zu einem Zerreißen der Falten kommen, sie gehen in Überschiebungen und Decken über (Abb. 5.1). Die Ausbildung und Orientierung aller Faltenstrukturen im Gestein hat in der Regel einen merklichen Einfluss auf dessen felsmechanisches Verhalten (vgl. Abschn. 8.2).

Wenn Falten einer Gesteins-Einheit „a" – diese kann aus Sedimentgesteinen, aber auch magmatischen oder metamorphen Gesteinen bestehen – an ihrer Oberseite horizontal abgeschnitten sind und gar nicht oder wenig verfaltete Sedimente einer Gesteinseinheit „b" darüber lagern, wird die Grenzfläche zwischen a und b als *Diskordanz* (Abb. 5.2) bezeichnet. Diskordanzen sind wichtige geologische Strukturen, weil sie mehrere erdgeschichtliche Vorgänge erkennen lassen: Eine mögliche Verfaltung/Deformation nach Ablagerung/Entstehung der Einheit a, eine darauf folgende Abtragung und an-

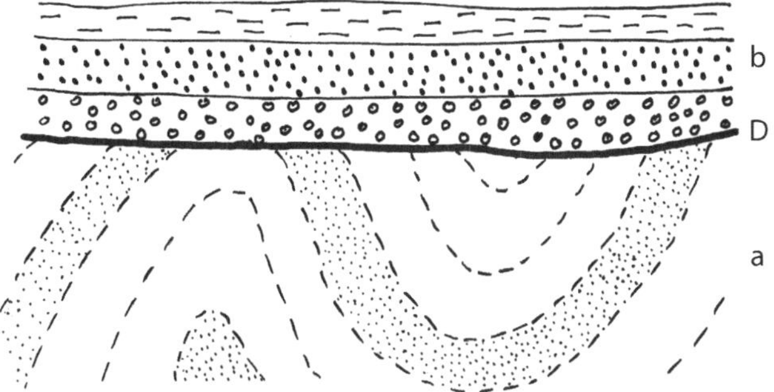

Abb. 5.2. Diskordanz im schematischen Profilschnitt. Die verfaltete Schichtfolge „a“ wird von einer nicht verfalteten Schichtfolge „b“ überlagert (*D* = Diskordanzfläche)

schließend eine Überlagerung durch die Einheit b, manchmal nach einer größeren zeitlichen Pause.

Außer den durch Gebirgsdruck gebildeten Falten gibt es Gesteinsverfaltungen, die durch ganz andere Vorgänge entstanden sind:

- *Gleit- bzw. Rutschfalten*, ausgelöst durch die Schwerkraft, und
- *Verfaltungen durch Eisdruck.*

Gleit- bzw. Rutschfalten gehen auf Kriech- und Fließbewegungen zurück, die in noch wenig verfestigten Sedimenten an Hängen stattgefunden haben, meist während oder kurz nach der Ablagerung, vor allem im Meeresbereich. Verfaltungen und Stauchungen durch Eisdruck sind in den ehemals von Gletscherzungen bzw. dem Inlandeis bedeckten Gebieten Norddeutschlands und des Alpenvorlandes verbreitet. Sie sind in überwiegend unverfestigten Sanden, Kiesen und Tonen ausgebildet, die langsam verfaltet wurden, oft in gefrorenem Zustand, sodass sie wie Festgesteine verbogen werden konnten.

5.2 Ablöse- und Trennflächen in Festgesteinen

In Festgesteinen können vier verschiedene Arten von Ablöse- und Trennflächen auftreten, auch zwei oder mehr zusammen:

- Schichtflächen
- Kluftflächen
- Rupturen
- Schieferungsflächen.

Schichtflächen sind auf Sedimentgesteine beschränkt. Bei der Ablagerung der Gesteine sind sie ungefähr horizontal ausgerichtet, infolge späterer Deformation sind sie vielfach verstellt und/oder verfaltet (Abschn. 5.1).

Als *Kluftflächen* werden Trennflächen bezeichnet, durch welche die Gesteine zerlegt werden, an denen aber keine oder fast keine Bewegungen stattgefunden haben. Kluftflächen treten in allen Arten von Festgesteinen (sedimentäre, magmatische und metamorphe) auf. Nach ihrer jeweiligen Entstehung unterscheidet man:

- Deformationsklüfte,
- Kontraktionsklüfte,
- Entlastungsklüfte.

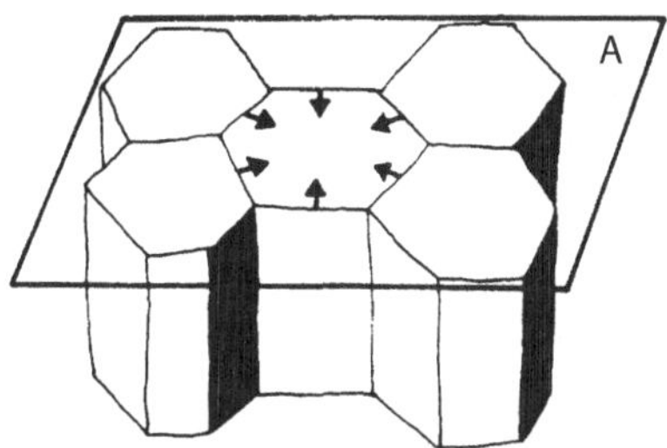

Abb. 5.3. Herausbildung von Säulen, die von Kontraktionsklüften begrenzt werden, bei der Abkühlung von Basaltschmelzen. Die Säulen stehen ungefähr senkrecht zu der Abkühlungsfläche *(A)*, hier der Oberseite des Basaltkörpers

Deformationsklüfte entstehen bei der Beanspruchung durch gebirgsbildende Vorgänge, also durch Verstellung, Verfaltung, Hebung und andere gebirgsbildende Prozesse.

Kontraktionsklüfte gibt es nur in magmatischen Gesteinen, sie gehen auf Schrumpfung beim Erkalten von magmatischen Schmelzen zurück. Typisches Beispiel hierfür ist Basalt, in dem es oft – aber nicht immer – zur Ausbildung von mehr oder minder regelmäßig ausgebildeten, vier- bis sechseckigen Säulen gekommen ist, die von Kontraktionsklüften begrenzt werden (Abb. 5.3). Diese Säulen stehen immer senkrecht zu einer gedachten Fläche, die der ehemaligen Abkühlungsfront entspricht. Im Gelände ist nicht selten zu beobachten, dass in einem Basalt-Vorkommen senkrecht stehende Säulen ausgebildet sind; daraus lässt sich folgern, dass der Basalt-Körper als Decke oder scheibenförmiger Gesteinskörper ausgebildet ist, bei der die Abkühlung von oben und/oder von unten erfolgte. Wenn Basalt-Säulen verbogen sind und manchmal sogar eine Art Rosette bilden, liegt der Grund hierfür meist in Einschlüssen (z. B. von Tuff-Partien oder Nebengesteins-Körpern) im basaltischen Gestein, die als Abkühlungszentren gewirkt haben.

In Graniten treten weitständige, ungefähr senkrecht aufeinander stehende Klüfte in drei Richtungen (zwei vertikale und eine horizontale) auf, die das Gestein in kastenförmige Körper zerlegen. Es handelt sich ebenfalls um Klüfte, die bei der Erstarrung durch Kontraktion entstanden sind. Herausgewitterte Granitfelsen und -klippen zeigen oft derartige, durch Verwitterungsprozesse etwas abgerundete Absonderungsformen, die als „Wollsack"- oder „Matratzen"-Verwitterung bezeichnet werden.

Entlastungsklüfte treten in allen Festgesteinen in Nähe der Erdoberfläche auf, wenn durch Talbildung oder menschliche Eingriffe Teile von Gesteinskörpern entfernt werden, sodass die verbleibenden Partien die Möglichkeit einer – wenn auch sehr geringen – Ausdehnung in den freien Raum hinein bekommen. Entlastungsklüfte sind deswegen meist hang- oder oberflächenparallel ausgebildet (Abb. 5.4). Ursprünglich handelt es sich dabei häufig um Deformations- oder Kontraktionsklüfte, die von den Entlastungsbewegungen im Gestein benutzt werden, also wieder „aufleben" und sich dabei erweitern. Entlastungsklüfte sind in der Regel nur bis zu Tiefen von höchstens 50–100 m unter der Erdoberfläche vorhanden. Das zeigt sich z. B. dann, wenn bei der Gewinnung von Werksteinen in Steinbrüchen tiefe Sohlen angefahren werden und man hier relativ frisches Gestein antrifft, das sich schlecht herauslösen lässt, weil Entlastungsklüfte nur mit großen Abständen oder (noch) gar nicht ausgebildet sind.

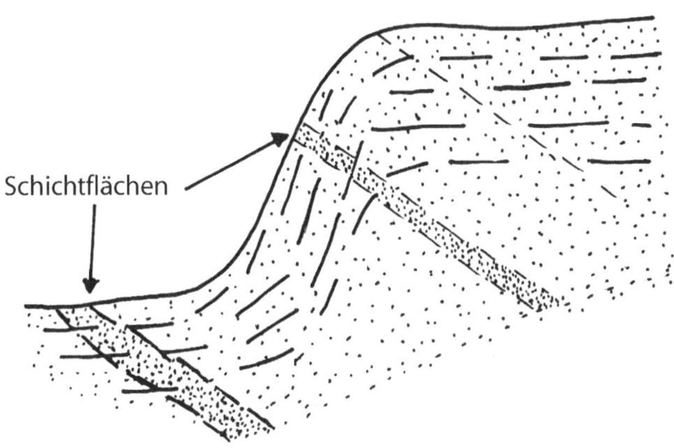

Abb. 5.4. Ausbildung von Entlastungsklüften *(dick gestrichelt)* in einer Schichtfolge von massigen Sandsteinen im schematischen Profilschnitt. Die Entlastungsklüfte bilden sich etwa parallel zur Oberfläche aus. Schichtflächen sind *fein gestrichelt*

In der Felsmechanik wird aufgrund der Zerklüftung eine Einteilung der Festgesteine in sog. Gebirgsklassen vorgenommen. Dabei werden Menge und Öffnungsweiten der Klüfte sowie der Winkel, unter dem sie sich schneiden, zusammen mit dem Verwitterungsgrad der Gesteine als Maß für deren Festigkeit und Bearbeitbarkeit zugrunde gelegt (mit Bezeichnungen wie z.B. „gebrächer“ oder standfester Fels).

Rupturen ist die Sammelbezeichnung für alle kleinen und auch großräumigen Trennflächen, an denen in Gesteinen horizontale, vertikale oder anders orientierte Bewegungen stattgefunden haben. Zu den Rupturen gehören also alle Arten von Verwerfungen, Brüchen sowie Auf- und Überschiebungen (Abb. 5.1 und 5.5). „Störun-

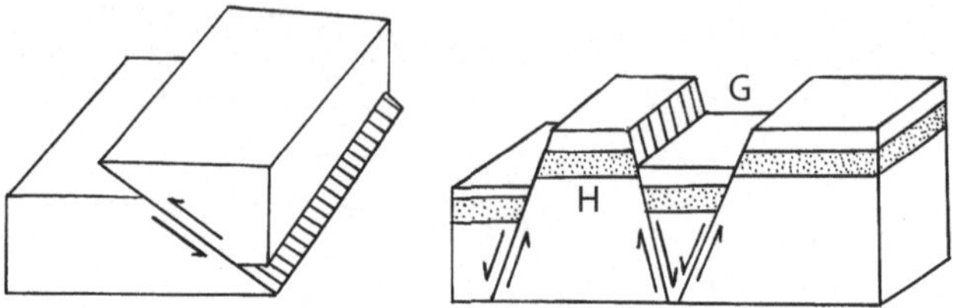

Abb. 5.5. Blockdarstellung einer Aufschiebung *(links)* sowie eines Horstes *(H)* und Grabens *(G)*. Die *Pfeile* geben die relativen Bewegungen an

gen“ ist eine in der Geologie sehr häufig verwendete, wenn auch nicht sehr genaue Bezeichnung für derartige, meist größere Trennflächen. Die geologische Erfahrung zeigt, dass im Bergland in vielen Tälern oder Abschnitten von Tälern Verwerfungen verlaufen, die etwa parallel zur Richtung des Tales bzw. des Wasserlaufs in ihm orientiert sind. Durch etwa senkrecht verlaufende Rupturen bzw. Verwerfungen werden nicht selten herausgehobene (sog. *Horste*) und abgesunkene (sog. *Gräben*) Schollen gebildet (Abb. 5.5).

An Rupturen können Gesteinszerreißungen mit Bewegungsbeträgen im Zentimeter-Bereich oder noch weniger bis zu solchen von vielen Kilometern erfolgt sein. Rupturen gibt es in allen Arten von Festgesteinen. Nicht selten sind sie mit tonig-lehmigem Material (oft als Letten bezeichnet) ausgekleidet, das oft stark wasserführend ist. Beim Anbohren oder Anfahren von Rupturen, z.B. im Tunnelbau, muss immer mit starken Wasserzuflüssen gerechnet werden.

Schieferungsflächen sind auf meist tonig-feinkörnige Festgesteine beschränkt, die intensiv durch Gebirgbildungen oder auch Metamorphose-Prozesse beansprucht wurden. Schieferungsflächen haben nichts mit Schichtflächen zu tun, die bei der Ablagerung von Sedimenten und Sedimentgesteinen entstandenen sind, sondern wurden durch gerichteten Druck aufgeprägt. Deshalb sind Schieferungsflächen meist nicht verfaltet oder verbogen, sondern durchsetzen die Gesteine parallel oder annähernd parallel. Sie sind in regional größeren Bereichen einheitlich orientiert. In Mitteleuropa (z.B. im Rheinischen Schiefergebirge oder Harz) verlaufen die Schieferungsflächen meist in südwest-nordöstlicher Richtung und fallen nach Südosten ein. In geschieferten Sedimentgesteinen sind oft die ursprünglichen Schichtflächen nicht mehr zu erkennen. Wenn das doch der Fall ist, also sowohl Schichtung als auch Schieferung ausgebildet sind, verlaufen die Schieferungsflächen parallel zu Ebenen, die durch die gedachten Achsen von vorhandenen Falten (Sätteln und/oder Mulden) gelegt werden könnten. Häufig sind die Schieferungsflächen dabei leicht fächerartig gespreizt (Abb. 5.6).

Die Unterscheidung zwischen Schicht- und Schieferungsflächen ist extrem wichtig für die Erkennung und Deutung der geologischen Lagerungsverhältnisse im Gelände. Wenn Zweifel bestehen, ob im Gestein erkennbare Flächen eine Schichtung oder eher eine Schieferung anzeigen, sollte besser die neutrale Bezeichnung „Parallelgefüge" verwendet werden.

Die Orientierung von Schichtflächen, Kluftflächen oder Rupturen genauso wie von Gesteinskörpern (z.B. Gängen von Vulkaniten) wird in der Geologie dadurch festgestellt bzw. angegeben, dass man die Richtung des *Streichens* (Winkel zwischen der Nord-Richtung und der

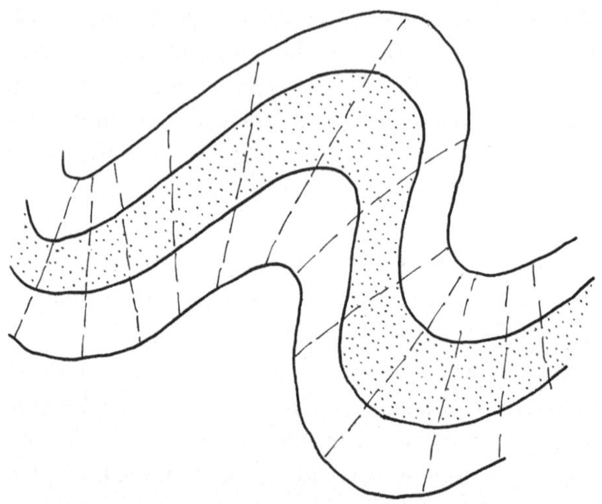

Abb. 5.6. Verfaltete Sedimentgesteine mit der Orientierung von vorhandenen Schieferungsflächen, etwa parallel mit leichter Fächerstellung verlaufend. Schematischer Profilschnitt

Schnittlinie der Fläche bzw. des Körpers mit der Horizontalen) und des *Fallens* (Winkel zwischen der Horizontalen und der Neigung der Fläche bzw. des Körpers; das Fallen entspricht der Linie, auf der ein Wassertropfen ablaufen würde) misst. Die Richtung des Fallens verläuft immer senkrecht zur Richtung des Streichens. Gemessen wird mit einem Geologenkompass (Abb. 5.7).

Werden Messungen von Streichen und Fallen an geneigten Hängen durchgeführt, ist zu berücksichtigen, dass infolge von Rutschbewegungen/Bodenkriechen die obersten Partien von Felsgesteinen oft nach unten verschoben oder verrutscht sein können (sog. Hakenschla-

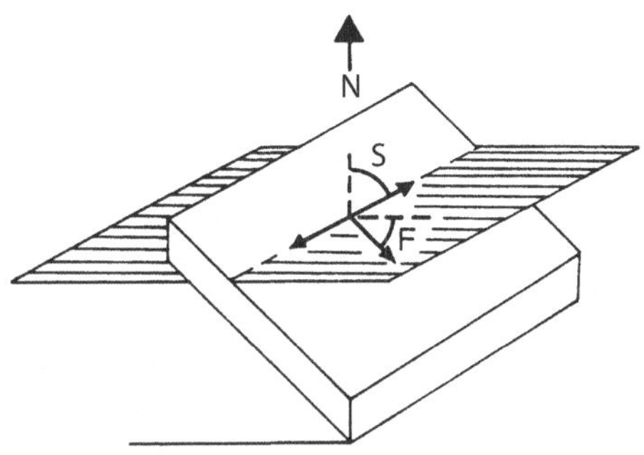

Abb. 5.7. Messung von Streichen *(S)* und Fallen *(F)* einer schräg stehenden Schicht- oder Trennfläche. Die entsprechenden Winkelwerte des Streichens werden auf die Nord-Richtung, die des Fallens auf die als horizontal angesehene Erdoberfläche bezogen

gen, vgl. Abb. 4.7). Wird dieses nicht erkannt, ergeben die Messungen von Schicht- und Trennflächen ein falsches Bild über deren Verlauf und Fortsetzung im Untergrund.

Bei den Angaben der gemessenen Werte in Berichten ebenso wie bei geologischen Darstellungen in Karten und Profilschnitten (vgl. Abschn. 6.1) wird international die Richtung „Osten" meist mit dem Buchstaben „E" (statt „O") angegeben.

Das Vorhandensein bzw. die Art und Ausbildung von Ablöse- und Trennflächen ist von großer Bedeutung für Fragen der Festigkeit, Standsicherheit und Bearbeitbarkeit von Festgesteinen. Dieses wird deutlich im Zusammenhang mit den Themen „Reißbarkeit" (Abschn. 6.2), „Steinschlag/Felsstürze" (Abschn. 5.7), „Talsperren-, Tunnel- und Kavernenbau" (Kap. 8) und „Er-

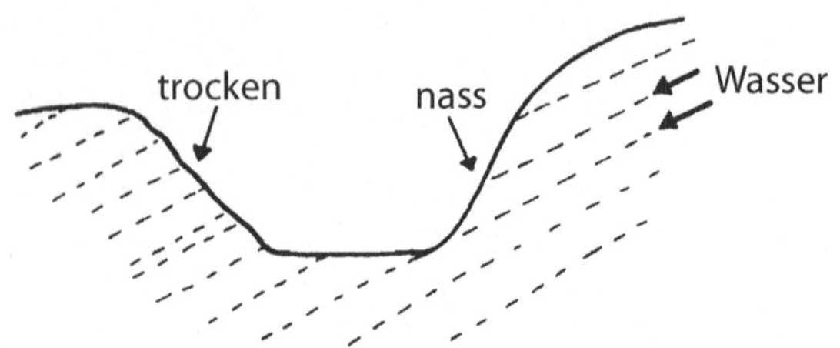

Abb. 5.8. Unterschiedliche Durchfeuchtung von gegenüber liegenden Seiten eines Straßeneinschnittes oder Steinbruchs, verursacht durch Zirkulation von Sickerwässern auf den schräg einfallenden Schichtflächen *(gestrichelt)*. Schematischer Profilschnitt

kundung und Abbau von Natursteinen" (Abschn. 9.1). Hier zeigt sich, dass es meist nicht genügt, vorhandene Ablöse- und Trennflächen pauschal als solche zu registrieren. Sie müssen Typ und Entstehungsart zugeordnet werden, weil nur so einigermaßen sichere Voraussagen über ihr weiteres Auftreten im noch nicht erschlossenen Gestein/Untergrund möglich sind.

Bei Sedimentgesteinen wird angesichts der oft deutlich hervortretenden Kluftflächen die Bedeutung der Schichtflächen manchmal unterschätzt, z.B. als Grenzflächen, auf denen vielfach Grund- und Sickerwässer zirkulieren. Das kann man z.B. an Straßeneinschnitten beobachten, die aus nicht bewachsenen, schräg einfallenden, gebankten Sedimentgesteinen gebildet werden. Entsprechend der Einfallsrichtung der Schichten ist die eine Straßenseite trocken und die andere feucht/nass, was im Winter zu gefährlichen Eisbildungen führen kann (Abb. 5.8).

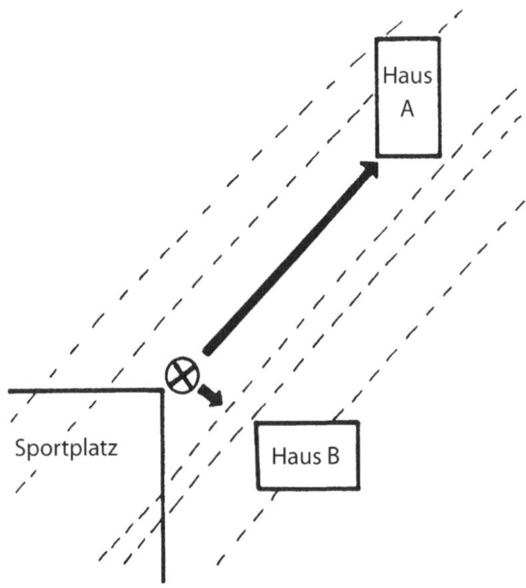

Abb. 5.9. Starke Ausbreitung von Erschütterungen in Streichrichtung der Schichten *(gestrichelt)*, geringe quer dazu. Schematische Grundrissskizze eines Schadensfalls, ausgelöst durch Sprengarbeiten an der Felsböschung eines Sportplatzes (⊗ = Sprengstelle)

Als Beispiel für die Bedeutung der Homogenität einzelner Schichten/Bänke von Sedimentgesteinen kann das Verhalten bei möglichen Erschütterungen, z. B. durch Sprengungen, gelten. Bei einem Untergrund aus einer Grauwacken-Tonschiefer-Schichtfolge setzten sich die Erschütterungswellen in Streichrichtung der Schichten, also innerhalb derselben Bank, viel stärker fort als quer dazu, wie Abb. 5.9 zeigt: In Haus A kam es zu deutlichen Schäden, im viel näher an der Sprengstelle gelegenen, gleichartigen Haus B wurden kaum Auswirkungen festgestellt, weil sich hier der quer zum Streichen vorhandene Materialwechsel von tonigen zu sandigen Gesteinen als Barriere für die Erschütterungswellen auswirkte.

5.3 Karsthohlformen

Karbonatische Sedimentgesteine, d.h. Kalk- und Dolomitsteine, ebenso wie Sulfatgesteine (Gips- und Anhydritgesteine) sind im Handstück oft dicht und homogen, größere Gesteinskörper oder sogar ganze Gebirge aus diesen Gesteinen sind aber in der Regel von zahlreichen größeren und kleineren Hohlformen durchsetzt. Die hierfür in den Geowissenschaften häufig gebrauchte Bezeichnung *Karst* leitet sich vom Karstgebirge auf dem Balkan ab, mit ihr werden Lösungs-Phänomene bezeichnet, die zur Bildung von Karren, Löchern und Höhlen (oft Tropfsteinhöhlen) im Gestein führen. Die Zirkulation von Wässern an der Oberfläche und im Inneren von Karstgesteinen ist oft nur schwer oder überhaupt nicht zu verfolgen; Wasserläufe verschwinden oder treten als mächtige Quellen wieder zu Tage. An der Oberfläche von verkarsteten Karbonat- und Sulfatgesteinen sind mitunter tiefreichende Einbruchstrichter und Erdfälle möglich, auch unter einer Bedeckung mit Lockergesteinen (vgl. Abschn. 4.6).

Bei Baugrunduntersuchungen und Vorerkundungen im Zusammenhang mit geplanten Erweiterungen von Steinbrüchen ist es von entscheidender Bedeutung, dass Karst-Hohlformen lückenlos erfasst werden, was durch

Abbohren allein nicht immer gelingt (vgl. Abschn. 6.6). Alle Erscheinungsformen der Verkarstung zeichnen sich dadurch aus, dass sie unregelmäßig ausgebildet und kaum vorhersehbar sind. Dieses gibt treffend ein Spruch wieder, den man von Arbeitern in Kalksteinbrüchen im Bereich der unteren Lahn hören kann: „Im Kalk sitzt der Schalk!"

Die beim plötzlichen Zusammenbrechen von Hohlräumen in verkarsteten Gesteinen infolge von Auslaugung (Subrosion) entstehenden Erdfälle können sich auch durch überlagernde, an sich standfeste Festgesteine durchpausen. Ein extremes Beispiel hierfür ist das Gebiet um Karlshafen und Uslar im südlichen Niedersachsen, in dem es zahlreiche, z. T. mit Lockergesteinen gefüllte frühere (fossile), aber auch in der Gegenwart aktive Erdfälle gibt, obwohl der Untergrund aus festen Sandsteinen der Buntsandstein-Zeit besteht. Diese weisen Mächtigkeiten von mehreren hundert Metern auf. Die Einbrüche/Einstürze entstanden und entstehen in den unter den Sandsteinen lagernden Sulfatgesteinen aus der Zechstein-Zeit, von wo sie sich kaminartig nach oben durchpausen.

5.4 Gesteinsaufwölbungen

In geschichteten oder blättrigen Tonsteinen und Tonschiefern kann es zu Volumenvergrößerungen in Form von Aufwölbungen kommen, wenn sulfathaltige Wässer aufsteigen und in den Gesteinsfugen eine Auskristallisation von Gips und anderen Sulfaten erfolgt. Aufblätterungen und Aufwölbungen der Gesteinsoberflächen sind die Folge. Der Sulfat-Gehalt der Wässer entsteht durch Oxidation/Verwitterung von meist feinkörnigem Schwefeleisen, das sich im tonigen Gestein selbst befindet.

Derartige Aufwölbungen mit merklichen Gebäudeschäden sind z. B. aus solchen Gebieten Baden-Württembergs bekannt, in denen Gebäudefundamente auf dem sog. Posidonienschiefer (Lias-Zeit; vgl. Abschn. 7.4) stehen. Hier sind Aufwölbungen bis zu 30 cm Höhe beobachtet worden. Durch Erwärmung des Untergrunds nach einem Einbau von Heizungsanlagen wird die Sulfatkristallisation offenbar deutlich beschleunigt.

Als bauseitige Maßnahme zur Vermeidung von derartigen Schäden werden folgende Maßnahmen empfohlen:

- gute Wärmeisolierung der Fundament- bzw. Kellersohlen,
- Gründung auf Hohlfundamenten,
- Versickernlassen von Wasser in dem gefährdeten Gestein, um das Aufsteigen von Schichtwässern an die Gesteinsoberfläche zu verhindern.

5.5 Gasaustritte aus Gesteinen im Untergrund

Wo Kohlenflöze in der Gesteinsfolge des Untergrundes vorhanden sind (z. B. im Ruhrgebiet), kann es zu Austritten von (geruchlosem) Methangas an Klüften und Verwerfungen kommen. In unbebautem Gebiet entweichen diese Gase meist ohne Probleme in die Luft, in Ortschaften dagegen sind in und unter Kellern Ansammlungen von Gas möglich, die in hohem Maße explosionsgefährdet sind. In solchen Fällen müssen die Austrittsstellen der Gase festgestellt und die Gase selbst durch flache Bohrungen abgesaugt oder so abgeleitet werden, dass sie ohne Gefährdung austreten können.

5.6 Steinschläge und Felsstürze

An natürlichen Steilhängen ebenso wie an künstlich angelegten Felsböschungen sind Steinschläge, also das Herunterbrechen von Gesteinsbrocken entlang von Kluft- und Verwerfungsflächen, nicht selten. Vielfach treten solche Gesteinsabbrüche nach intensiven Durchfeuchtungen des Gesteins (z.B. nach Starkregen oder während der Schneeschmelze) auf. Sind daran neben Festgesteinen auch Lockergesteine in größerem Umfang beteiligt, ergeben sich Übergänge zu Erdrutschen (Abschn. 4.7); erfolgen die Abbrüche in größeren Dimensionen, spricht man von *Fels-* oder *Bergstürzen*. Als Ursachen für größere und kleinere Abbrüche von Festgesteinen kommen in Frage:

- Aufweichungen von darunter liegenden Gesteinspartien,
- Erdbeben,
- menschliche Einwirkungen (z.B. Sprengungen, Hangabtragungen, Aufschüttungen, Errichtung von Bauwerken).

Abb. 5.10. Typische Abbrüche und Felsstürze von tonigen Kalksteinen des unteren Muschelkalks *(mu)* über weichen Tonsteinen des oberen Buntsandsteins bzw. Röts *(so); sm* = mittlerer Buntsandstein. Schematischer Profilschnitt

Aufweichungen von darunter liegenden Gesteinspartien wirken sich vor allem dann aus, wenn unter kalkigen oder sandigen Festgesteinen toniges Material vorhanden ist. Das ist z.B. in den Gebieten des mittleren und südlichen Deutschlands (z.B. Nordhessen und Thüringen) der Fall, wo innerhalb der Schichten aus der Trias-Zeit die feinplattigen Kalkmergelsteine des Unteren Muschelkalks etwa horizontal über weichen und tonigen Gesteinen des Oberen Buntsandsteins, dem sog. Röt, lagern (vgl. Abschn. 7.4). Hier kommt es an der Muschelkalk-Stufe immer wieder zu Abbrüchen, teils in Form von Felsstürzen, teils auch als langsame Abrutschungen von Schuttmassen (Abb. 5.10).

Einer der größten Bergstürze in Europa in historischer Zeit war der von Goldau in der Schweiz (1806), als rund 35 Mio. m^3 konglomeratische Gesteine auf einer Unterlage von mergeligen Schichten abrutschten und dabei fast 500 Menschen töteten. Etwa achtmal so groß waren die Gesteinsmassen, die 1963 in Norditalien in den

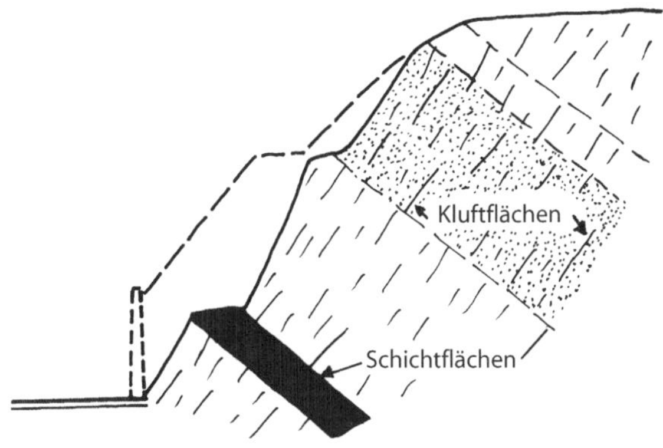

Abb. 5.11. Anlage einer standsicheren Felsböschung, bei der sich die Böschungslinie den Hauptkluftflächen anpasst, statt einer zunächst geplanten Mauer *(gestrichelte Linie)*. Schichtflächen zum Hang hin einfallend. Schematischer Profilschnitt. [Nach Prinz H (1982) Abriss der Ingenieurgeologie. Enke, Stuttgart, 419 S]

künstlich angelegten Vajont-Stausee stürzten und dadurch eine gewaltige Flutwelle auslösten, der in der nahe gelegenen Ortschaft Longarone fast 2000 Menschen zum Opfer fielen. Aus außereuropäischen Gebieten sind noch Bergstürze mit weit größeren Ausmaßen bekannt.

Die Möglichkeiten, im Fall von drohenden Steinschlägen oder Bergstürzen Sicherungsmaßnahmen durchzuführen, sind verhältnismäßig begrenzt. Bei manchen Objekten kann eine Entwässerung helfen, oft auch eine Verankerung von gelockerten oder gefährdeten Gesteinspartien mithilfe von z. T. riesigen Stahlankern. Diese werden in der Regel senkrecht zu den Hauptabsonderungsflächen in den Fels getrieben.

In jedem Fall ist es wichtig, die Art, Größe und Richtung aller Ablöse- und möglichen Abrissflächen festzustellen (vgl. Abschn. 5.2), um danach die erforderlichen Maßnahmen in die Wege zu leiten. Ein Beispiel dafür, dass Felspartien mit (allerdings aufwendigen) Verankerungen zusammengehalten und dadurch vor dem Auseinanderbrechen bewahrt werden können, ist der für den Tourismus wichtige Drachenfels-Berg im Siebengebirge bei Bonn.

In manchen Fällen kann eine Felsböschung, z.B. an einem Straßeneinschnitt, durch geschickte Ausnutzung der im Gestein vorhandenen Ablöseflächen so ausgeführt werden, dass sie standfest und steinschlagsicher ist, aber deutlich kostengünstiger wird als eine ursprünglich vorgesehene Sicherung durch eine Mauer (Abb. 5.11).

6 Erkundung und Aufschließung der Locker- und Festgesteine

6.1 Geologische Karten

Wertvolle Informationen über die im Untergrund vorhandenen Locker- und Festgesteine eines bestimmten Gebietes von Deutschland enthalten die auf Grundlage der topographischen Karten hergestellten *geologischen Karten*. Für das Bauingenieurwesen wichtig sind die Karten im Maßstab 1:25000 (geologische Spezialkarten, meist als GK 25 bezeichnet), welche dieselbe Blatteinteilung, d.h. dieselben Namen und Nummern der Blätter wie die topographischen Karten im Maßstab 1:25000 (Messtischblätter oder TK 25 oder 4 cm-Karten, weil 4 cm auf der Karte 1 km in der Natur entsprechen) aufweisen.

Nicht alle Blätter der GK 25 von Deutschland sind bisher erschienen. In einigen Fällen gibt es überarbeitete Blätter in der 2. oder schon 3. Auflage, in anderen stammen die Blätter noch aus der 2. Hälfte des 19. Jahrhunderts. Wo bisher keine Blätter der GK 25 existieren, können auch Übersichtskarten in kleineren Maßstäben (z.B. die geologischen Karten 1:200000) erste Informationen liefern. Herausgegeben werden alle geologischen Karten von den geologischen Behörden (Landesämtern) der verschiedenen Bundesländer (vgl. Kap. 12) oder deren

Vorgänger-Behörden. In zukünftigen Jahren wird wahrscheinlich die Herstellung und Publikation von herkömmlichen Blättern der GK 25 weiter zurückgehen oder aufhören, weil die geologischen Landesämter zunehmend digitale Informationssysteme aufgebaut haben und die in diesen gespeicherten geologischen Informationen erst bei Bedarf bzw. auf Anfrage ausdrucken oder als Datensatz zur Verfügung stellen, in Niedersachsen z.B. in Form einer Grundkarte oder von Themenkarten im Maßstab 1:50000 (GK 50).

Kennzeichen aller geologischen Karten sind verschiedene Signaturen, welche die *Gesteinsart* (z.B. Basalt oder Sandstein oder Lösslehm), meist auch deren *Entstehungsbedingung* (z.B. Fluss- oder Windablagerung) und ihr *geologisches Alter* (z.B. Westfal-Stufe des Oberkarbons) angeben. In der GK 25 sind die lockeren oberen Verwitterungsschichten nicht eingetragen, wenn sie weniger als 2 m dick sind; in Karten mit kleinerem Maßstab fehlen diese meist, auch wenn sie eine größere Mächtigkeit aufweisen. In solchen Fällen zeigt die Signatur an, was unter den Verwitterungsschichten liegt. In Bereichen mit mächtigeren Lockergesteinen, z.B. im Norddeutschen Tiefland, findet man auf den geologischen Karten die verschiedenen, sich überlagernden Schichten getrennt angegeben, wobei Gesteinsarten mit weniger als 20 oder 30 cm Mächtigkeit unberücksichtigt bleiben. Es entstehen etwas kompliziert wirkende Signaturen bzw. Symbole, die an den Rändern der Karten erläutert sind. Am Anfang steht die Alterseinstufung, die für das Bauingenieurwesen weniger, aber für die Geologie sehr wichtig ist: $\frac{\text{qw, L, f}}{\text{krc3}}$ bedeutet z.B. „Quartär der Weichsel-

Zeit, Lehm, fluviatil (gebildet) liegt über Schichten der Cenoman-Stufe 3 der Kreide-Zeit". Andere Möglichkeiten, die Untergrundverhältnisse differenziert darzustellen, sind die Anfertigung von zwei getrennten Karten desselben Gebietes (eine für die Deckschichten, eine für den Untergrund) oder die von sog. Profiltypenkarten, auf denen die übereinander liegenden Schichten in charakteristischen Profilfolgen angegeben bzw. dargestellt werden.

Vor allem bei einem Felsuntergrund sind die *Lagerungsverhältnisse* der Gesteine wichtig, z.B. ein Sattel- oder Muldenbau von Sedimentgesteinen oder das Vorhandensein und die Richtungen von Verwerfungen. Bei einer Betrachtung von geologischen Karten ergeben schon einfache Beobachtungen wichtige Hinweise auf die Lagerungsverhältnisse der Schichten: Nimmt z.B. in einem Gebiet mit Sedimentgesteinen eine Farbe/Signatur große Bereiche der Karte ein und/oder verlaufen die Schichtgrenzen nahezu parallel zu den Höhenlinien, lagern die Schichten etwa horizontal; treten sie jeweils nur in schmalen Zonen auf, welche die Höhenlinien geradlinig durchschneiden, stehen die Schichten oder der betreffende Gesteinskörper (z.B. ein Erzgang) etwa senkrecht. Wenn Schichtgrenzen und Höhenlinien ähnlich, aber nicht streng parallel verlaufen, zeigt dieses ein geneigtes Einfallen der Schicht (Abb. 6.1). Wenn die Gesteinsart „A" von der Gesteinsart „B" oder einer Verwerfung durchsetzt oder abgeschnitten wird, lässt sich daraus ablesen, dass „A" älter als „B" oder die Verwerfung ist.

Fast alle GK 25 enthalten einen oder mehrere geologische Schnitte, meist als *Profile* bezeichnet, in denen die Abfolge der Schichten/Gesteine und ihre Lagerungs-

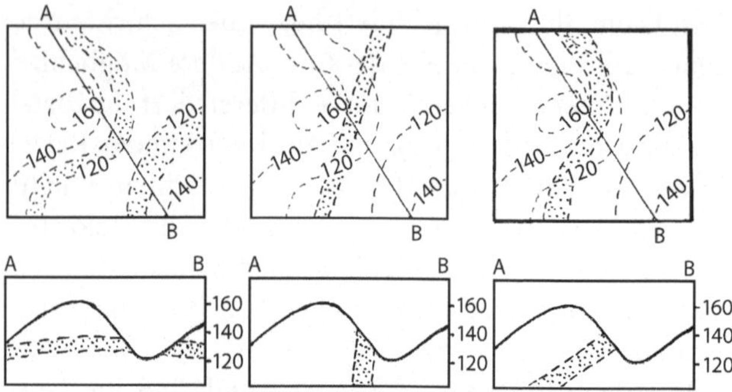

Abb. 6.1. Schichtgrenzen und Höhenlinien in einer geologischen Karte und Profilschnitten von A nach B. *Links*: Verlaufen Schichtgrenzen und Höhenlinien parallel, zeigt das eine horizontale Lagerung der Schichten. *Mitte*: Durchschneiden die Grenzen der Schicht bzw. des geologischen Körpers die Höhenlinien gerade, steht dieser senkrecht. *Rechts*: Weicht der Verlauf der Schichtgrenzen von dem der Höhenlinien ab, hat die Schicht ein schräges Einfallen

verhältnisse in typischen Querschnitten dargestellt ist. In den Geowissenschaften wird dabei die Ost-Richtung meist mit „E" bezeichnet, um mögliche Verwechslungen in anderen Sprachen (z. B. im Französischen ist Westen = Ouest) zu vermeiden.

Bei der Benutzung von geologischen Karten muss immer bedacht werden, dass deren Aussagesicherheit teilweise nur begrenzt ist. Wegen der oft schlechten Aufschlussverhältnisse konnten Auftreten und Verbreitung der verschiedenen Gesteine/Schichten vielfach nur nach einer Kartierung von Lesesteinen oder nach Auswertung von wenigen Handbohrungen eingetragen werden. Ungenauigkeiten oder sogar Fehler, die sich besonders dann zeigen, wenn in dem betreffenden Gebiet neue Baugruben oder Einschnitte gemacht werden, können deshalb vorkommen. Eine geologische Karte ist mehr als Darstellung eines Modells anzusehen; die Genauigkeit wie z. B. einer topographischen Karte darf von ihr nicht erwartet werden.

Unbedingt wichtig für das Bauingenieurwesen ist der Hinweis, dass in der Regel zu jeder GK 25 eine *Erläuterung* gehört. In dieser ist die Beschreibung der einzelnen Gesteinsschichten – beginnend mit den ältesten – viel eingehender durchgeführt als in den Legenden der geologischen Karten. Gesteinsausbildung, Mächtigkeit und Verbreitung werden abgehandelt, zusätzlich enthalten die Erläuterungen meist zahlreiche Angaben, die für das Bauingenieurwesen wichtig sein können (z. B. über schon durchgeführte Bohrungen und deren Ergebnisse, Grundwasserverhältnisse, nutzbare Gesteine usw.). Insofern sind geologische Karten mit ihren Erläuterungen sehr gut geeignet, wichtige erste Hinweise über die Untergrundverhältnisse bei geplanten Bauvorhaben zu geben. Es ist deshalb erstaunlich, dass diese Möglichkeit nicht immer von allen Seiten genutzt wird. Die veröffentlichten geologischen Karten sind üblicherweise in den Geologischen Instituten der Hochschulen oder in den Bibliotheken der geologischen Ämter/Behörden der Länder vorhanden und einzusehen. Soweit sie nicht vergriffen sind, können sie auch zu moderaten Preisen (meist weniger als etwa 20–25 € pro Blatt mit Erläuterungen) über Buchhandlungen oder die Fa. GeoCenter, Internationales Landkartenhaus GmbH, Postfach 80 08 30, D-70508 Stuttgart (E-Mail: kl@geokatalog.de) bezogen werden.

Außer den verschiedenen geologischen Übersichtskarten gibt es Karten, die für das Bauingenieurwesen von besonderem Interesse sind. Hierzu gehören vor allem Baugrund- und hydrogeologische Karten.

- *Baugrundkarten* enthalten z.B. Angaben über die Art, Lagerungsverhältnisse und die Tragfähigkeit des Untergrundes sowie über die Grundwasserverhältnisse. Sie erleichtern die Auswahl von Standorten für bestimmte Bauvorhaben und geben Anhaltspunkte für zweckmäßige und wirtschaftliche Gründungsverfahren.
- *Hydrogeologische Karten* liefern z.B. Angaben über die Tiefenlage von Grundwasserstockwerken und die Zusammensetzung, Ergiebigkeit und Nutzungsmöglichkeiten von Grund- und Quellwässern.

Baugrundkarten und hydrogeologische Karten werden in verschiedenen Maßstäben hergestellt, sie umfassen bislang nur Teilbereiche von Deutschland. Zusammenstellungen von mehreren Karten mit für Planungen insgesamt wichtigen Daten/Merkmalen eines bestimmten Gebietes (z.B. über Geologie, Boden, Baugrund, Grundwasser, Lagerstätten, schutzwürdige geologische (Geotope) und biologische (Biotope) Objekte werden auch unter dem Begriff *Naturraumpotenzialkarten* zusammengefasst.

6.2 Sondierstangen und Handbohrer

Zur Untersuchung der Zusammensetzung eines Lockersediments oder zur Feststellung, wie mächtig und in welcher Ausbildung Verwitterungsbildungen über einem Festgestein vorhanden sind, werden von geologischer Seite nicht selten einfache und sehr kostengünstige Sondierungen oder sog. Handbohrungen (die eigentlich keine Bohrungen sind) durchgeführt. Deren Eindringtiefe beträgt selten über 5 m oder mehr; die Bodenproben, die damit gewonnen werden können, sind mehr oder minder gestört, aber trotzdem hilfreich. Man unterscheidet folgende, – schon seit längerem benutzte – Geräte bzw. Verfahren:

- Pürckhauer-Handbohrer: Eine Stahlstange von 1 m Länge mit einer Längskerbe. Die Stange wird mit einem Spezialhammer (großer Kopf aus Kunststoff, Stiel aus Kunststoff oder Leichtmetall) in den Boden getrieben und vor dem Herausziehen mehrfach gedreht. Proben der Lockersedimente bleiben in der Kerbe hängen.
- Linnemann-Peilstangenbohrer: Gekerbte Stahlstange wie vorher, die mithilfe eines Gewindes um eine oder mehrere runde Stahlstangen von jeweils 1 m Länge verlängert werden kann (Abb. 6.2). Vor jeder Verlängerung des Gestänges wird dieses herausgezogen, bei zähem Untergrund unter Benutzung eines Hebegerätes. Zur Erleichterung des Einschlagens der Peilstangen kann ein Benzinmotor verwendet werden, der auf die oberste Stange aufgesetzt wird.

Während bei den beschriebenen Sondierstangen immer Proben der Lockersedimente entnommen werden und

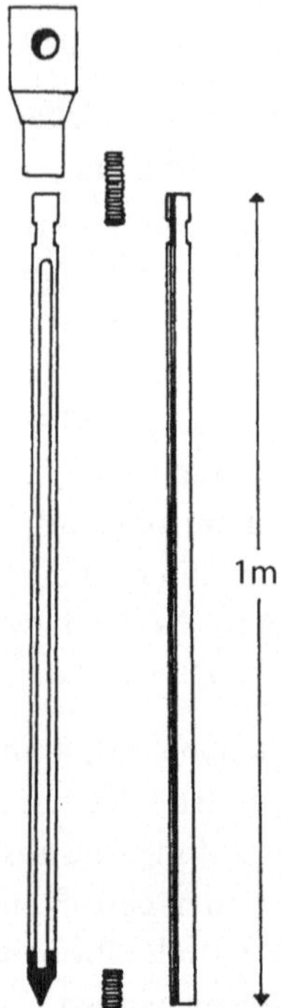

Abb. 6.2. Peilstangenbohrer nach Linnemann mit Schlagkopf, Zwischengewinden und Verlängerungsstück

die Untersuchung ihrer Zusammensetzung im Vordergrund steht, geht es bei den in der Bodenmechanik bekannten Rammsondierungen vor allem um die Ermittlung ihrer Festigkeit: Verlängerbare Stahlstangen werden mit einem Schlaggewicht, das aus konstanter Höhe fällt, in den Boden getrieben, wobei die Eindringtiefe in Beziehung zur Schlagzahl registriert wird. Daraus können Rückschlüsse auf Festigkeit und – mit Einschränkungen – auch Art der Lockergesteine gezogen werden, wenn diese aus benachbarten Bohrungen oder Baugruben bekannt sind.

6.3 Schürfe

Immer dann, wenn die Lagerungsverhältnisse der Gesteine im Untergrund, also der Verlauf von Schichtung, Schieferung und Absonderungsflächen eingehend untersucht oder ungestörte Bodenproben für bodenmechanische Untersuchungen entnommen werden müssen, ist die Anlage von Schürfen (Gruben oder Gräben) erforderlich. Deren Größe, Tiefe und Anordnung richtet sich nach der jeweiligen Fragestellung. Schürfe können von Hand oder mit meist kleinen Baggern/Schürfgeräten gegraben werden. Wenn Abstützungen und/oder Maßnahmen zur Wasserhaltung, z. B. Abpumpen von Grundwasser, erforderlich sind, kann die Anlage von Schürfen deutlich kostenaufwendig werden.

6.4 Hammerschlag-Seismik

Erkenntnisse über Zusammensetzung und Mächtigkeit von Gesteinsschichten im Untergrund sind oft durch seismische Verfahren zu gewinnen. Hierbei werden Schallwellen erzeugt, die in den Untergrund eindringen und deren Ausbreitungsgeschwindigkeit und Reflexionen an Schichtgrenzen gemessen wird. Für Fragen des Bauingenieurwesens kommt vor allem die sog. Hammerschlag-Seismik, manchmal auch als Kleinseismik bezeichnet, in Frage. Die Schallwellen werden durch Schlag mit einem schweren Hammer oder durch Fallenlassen eines größeren Gewichts auf eine Eisenplatte erzeugt.

Die Eindringtiefe in den Untergrund mit der Hammerschlag-Seismik beträgt wenige Meter, in günstigen Fällen sind etwa 20–40 m möglich. Das Verfahren ist geeignet, um z.B. die Mächtigkeit von Lockergestein oder Abraum über Felsgestein festzustellen, um den Verlauf von größeren Verwerfungen zu ermitteln oder die sog. Reißfähigkeit (sprachlich richtig wäre: Reißbarkeit) von Gesteinen zu überprüfen, d.h. ob Gesteine noch mit einer Raupe oder einem anderen Gerät herausgerissen werden können oder ob sie gesprengt werden müssen: Lockergesteine wie z.B. Lehm haben seismische Wellengeschwindigkeiten von 500–2400 m/s, Festgesteine wie Sandstein, Kalkstein oder Basalt von 900– >3000 m/s. Eine schwere Raupe kann in der Regel Gesteine mit Höchstwerten der seismischen Geschwindigkeit von 1600–1900 m/s reißen.

Wenn bei Hammerschlag-Untersuchungen die Zusammensetzung der Gesteine im Vordergrund steht, ist es sehr wichtig, dass die Daten/Messergebnisse geeicht werden können, d.h. es müssen Bohrungen, Schürfe oder Baugruben/Steinbrüche in unmittelbarer Nähe vorhanden sein, damit überprüft werden kann, welche Ausbreitungswerte zu welchen Gesteinen gehören.

6.5 Geoelektrik

Von den geoelektrischen Verfahren, die besonders in der Tiefbohrtechnik eine herausragende Bedeutung haben, ist die Messung der elektrischen Leitfähigkeit geeignet, um ebenfalls Kenntnisse über die Zusammensetzung des oberflächennahen Untergrundes zu bekommen. Die elektrische Leitfähigkeit der Gesteine wird in erster Linie durch ihren Wassergehalt bestimmt. In Tonen und Mergeln mit ihren zahlreichen Poren ist dieser meist hoch und damit auch die Leitfähigkeit hoch und der Widerstand niedrig, in Sanden und Kiesen ist der Widerstand in der Regel deutlich höher. Wegen dieses Unterschiedes werden geoelektrische Messungen nicht selten bei der Erkundung von Kies-Lagerstätten durchgeführt.

Ebenso wie bei den seismischen Verfahren ist es bei geoelektrischen Messungen sehr wichtig, dass die ermittelten Widerstandswerte an in der Nähe frei zugänglichen Aufschlüssen oder Bohrungen überprüfbar sind, damit die verschiedenen Gesteinsschichten richtig erkannt und angesprochen werden. Wenn man nur den Messwerten vertraut, können grobe Fehler entstehen. Ein Beispiel dafür ist ein Gebiet, in dem mächtige Kieslagen angenommen wurden, es sich tatsächlich aber nur – wie der weitere Abbau zeigte – um relativ wenig Kies über stark zerklüftetem und damit wassergesättigtem Sedimentgestein handelte, das die gleichen Widerstandswerte aufgewiesen hat wie der Kies.

6.6 Maschinenbohren

Für tiefer reichende Erkundungen von Lockergesteinen und noch mehr von Festgesteinen sind Maschinenbohrungen erforderlich. Bauprinzip und Größe der Geräte sind sehr variabel, unterschieden werden *Schappen-* oder *Löffelbohrer*, die an einem Seilzug fallen gelassen werden, und *Drehbohrer*.

Bei dem sog. *Rotary-Drehbohrverfahren* wird der Bohrmeißel mitsamt dem Bohrgestänge gedreht, beim *Turbinenverfahren* dreht sich nur der Bohrmeißel. Tiefere Bohrungen müssen mit einer Spülung erfolgen, die den Meißel kühlt und das Bohrklein an die Oberfläche befördert. Bei den meisten Bohrungen steht für geologische Auswertungen nur das Bohrklein in Form von Gesteinsschrot oder Lockermaterial zur Verfügung. Dessen Untersuchung lässt nicht immer die Zusammensetzung und die Mächtigkeiten der durchbohrten Schichten eindeutig erkennen.

Beim *Schneckenbohren*, das vor allem in Lockergesteinen zum Einsatz kommt, wird das Bohrgut mit dem schneckenförmig gewundenen Gestänge nach oben transportiert; meist kann es nur bis auf etwa 0,5 m Genauigkeit der wahren Tiefe zugeordnet werden. In Festgesteinen wird häufig nur das durch ein *Zerkleinerungsbohren* erzeugte Bohrschrot gewonnen. Für geologische Untersuchungen wesentlich besser, wenn auch viel aufwendiger, ist das *Kernbohren* (Gestänge- oder Seilkernbohren), bei dem die Gesteine des Untergrundes möglichst unversehrt, d.h. ohne Kernverlust gewonnen werden sollten. Der Kernverlust ist umso größer, je mürber und/oder stärker zerklüftet die Gesteine sind. Manchmal sind Kerngewinne von nur 30% oder weniger der durchbohrten Gesteine möglich, solche von über 90% werden in der Regel selten erreicht.

Wichtig ist in jedem Fall ein sorgfältiges Einbringen der Bohrkerne in die Kernkisten, damit korrekte geo-

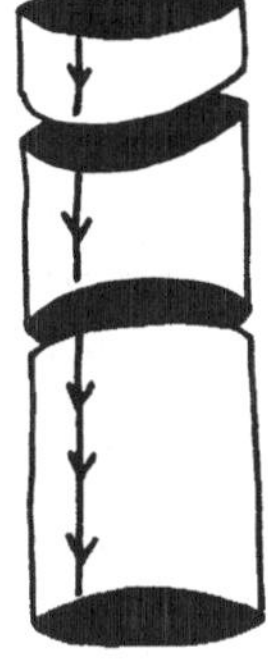

Abb. 6.3. Richtige Kennzeichnung eines Bohrkerns mit durchgezogenem Längsstrich und nach unten gerichteten Pfeilen

logische Untersuchungen möglich sind. Auf folgende Punkte sollte dabei geachtet werden:

- Kennzeichnung der Bohrkerne durch einen seitlichen Längsstrich und Pfeile, die nach unten zeigen (Abb. 6.3). Dadurch wird es möglich, Stücke des Bohrkerns richtig aneinander zu setzen und nach oben/unten zu orientieren, auch wenn sie vorübergehend aus der Kernkiste entnommen worden sind. Längsstrich und Pfeile werden am besten mit einem (meist gelben) nicht abwischbaren Fettstift aufgemalt.
- Ausreichende Beschriftung der Bohrkisten, d.h. vor allem mit einer Angabe der genauen Bohrtiefen, damit das Ausmaß des Kernverlustes ermittelt werden kann.
- Besondere Beschriftung von sog. Nachfall (heruntergefallenes Material aus höheren Abschnitten des Bohrlochs), sofern dieser beim Herausnehmen der Bohrkerne aus dem Kernrohr als solcher erkannt oder auch nur vermutet wird. Kernstücke, die zum Nachfall

gehören, dürfen weder weggeworfen noch irgendwo wahllos in die Kernkisten gelegt werden.

Trotz meist guter Ausbildung und Schulung der verantwortlichen Bohrmeister sollten Schichtbeschreibungen nicht ihnen überlassen bleiben, sondern von geologischer Seite vorgenommen oder mindestens überprüft werden. Gerade bei älteren Bohrungen tauchen manchmal unklare oder ungewöhnliche Bezeichnungen (z. B. „Knirsch“ oder „Niet“) auf, die sich später kaum in übliche Gesteinsbezeichnungen übersetzen lassen. Durch eine unzureichende Schichtenbeschreibung kann eine aufwendige Bohrung weitgehend entwertet werden. Wichtig in diesem Zusammenhang sind DIN 4021 (Aufschluss durch Schürfe und Bohrungen sowie Entnahme von Proben), DIN 4022-1 (Baugrund und Grundwasser; Benennen und Beschreiben von Boden und Fels; Schichtverzeichnis für Bohrungen ohne durchgehende Gewinnung von gekernten Proben in Boden und Fels).

Bohrungen in Festgesteinen sollten nicht parallel, sondern möglichst rechtwinklig zu den in den Gesteinen vorhandenen Hauptabsonderungsflächen (Schichtflächen oder Schieferungsflächen, teilweise auch Kluftrichtungen; vgl. Abschn. 5.2) angesetzt werden, um ein mögliches Festklemmen des Bohrgestänges zu vermeiden (Abb. 6.4). Ab etwa 50 – 100 m Bohrtiefe ist zu empfehlen, dass die Bohrungen durch Lotungen auf mögliche Abweichungen überprüft werden. Üblicherweise richtet sich das Bohrgestänge mit der Tiefe von selbst etwa senkrecht zu den Hauptabsonderungsflächen aus. Wenn beispielsweise durch Lotungen eine Abweichung der Bohrung in Nordwest-Richtung ermittelt wird, kann

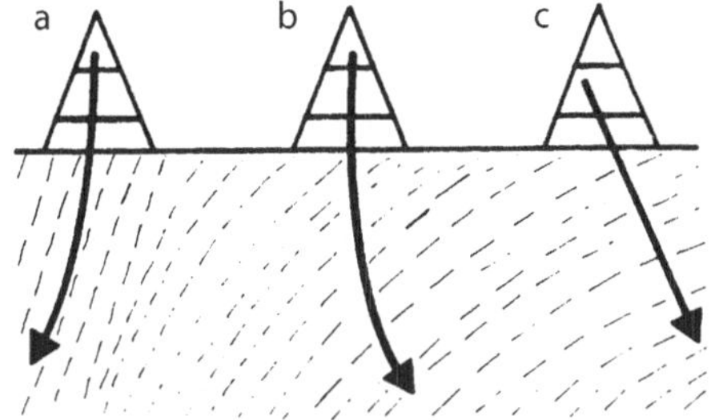

Abb. 6.4 a–c. Berücksichtigung der Hauptabsonderungsflächen (Schichtung oder Schieferung) beim Ansatz von Bohrungen im schematischen Profilschnitt. **a** Parallel zu den Hauptabsonderungsflächen verlaufende Bohrungen neigen dazu, sich festzuklemmen. **b** Spitzwinklig zu den Hauptabsonderungsflächen angesetzte Bohrungen stellen sich oft in einiger Tiefe senkrecht zu diesen ein. **c** Rechtwinklig zu den Hauptabsonderungsflächen angesetzte Bohrungen verbleiben meist in der ursprünglichen Richtung

angenommen werden, dass die Hauptabsonderungsflächen im Gestein nach Südwesten einfallen (Abb. 6.4). Vor allem bei tieferen Bohrungen werden meist verschiedene geophysikalische Messverfahren (z. B. Messung des elektrischen Widerstandes oder der Strahlungsaktivität) eingesetzt, um bessere Kenntnis über Art und Eigenschaften der durchbohrten Gesteine zu erhalten, etwa über die Porosität oder den Tongehalt).

In geologisch unbekannten oder wenig bekannten Bereichen werden Bohrpunkte zunächst rasterartig angesetzt oder überall dort, wo Veränderungen der Gesteine im Untergrund zu erwarten sind. Hierbei kann die Beobachtung der Vegetation bzw. ihres Frischezustandes, der oft einen Wechsel in der Durchfeuchtung und damit in den Gesteinen anzeigt, hilfreich sein. In Luftbildern sind derartige Unterschiede oft gut zu erkennen. Auch ein enges Netz von Bohrpunkten garantiert nicht, dass alle geologisch bedingten Besonderheiten des Untergrundes erfasst werden. So kann es vorkommen, dass in Karstgebieten um Schlotten und Trichter (vgl. Abschn. 5.3) herumgebohrt wird. Solche Schwierigkeiten lassen sich meist vermeiden, wenn Bohrprogramme mit den oben genannten geophysikalischen Untersuchungen (Seismik, Geoelektrik) kombiniert werden.

Wichtig bei Bohrungen ist die Auswahl der richtigen, für den jeweiligen Gesteinsuntergrund geeigneten Bohrgeräte. Unklare oder unvollständige Gesteinsbeschreibungen in den Ausschreibungen stellen hierbei einen Gefahr dar, z.B. wenn nicht angegeben wird, dass es sich bei „lehmigen Deckschichten" um einen Geschiebelehm mit einzelnen, durchaus größeren Gesteinsbrocken handelt, die ein Arbeiten mit kleineren Bohrgeräten (z.B. Schneckenbohrern) unmöglich machen. Zur Vermeidung von Fehlinvestitionen oder auch späteren Regressklagen sollte vor Beginn eines (kostenaufwendigen) Bohrprogramms immer eine eingehende (im Vergleich kostengünstige) geologische Untersuchung stehen.

7 Eigenschaften der Gesteine aus verschiedenen geologischen Zeitabschnitten

In der Geologie ist ein wichtiges Einteilungsprinzip für Locker- und Festgesteine deren Alter. Bei Sedimenten und Sedimentgesteinen wird das Alter vor allem durch Bestimmung vorhandener Reste von ehemaligen tierischen und pflanzlichen Lebewesen (sog. Fossilien) ermittelt, bei magmatischen und metamorphen, teilweise auch sedimentären Gesteinen durch radiometrische Methoden (Bestimmung der Zerfallszeit von radioaktiven Elementen und Isotopen, die in manchen Mineralen vorhanden sind). Der Bereich der Geologie, der sich mit der Einordnung der Gesteine und erdgeschichtlichen Prozesse in ein zeitliches Schema beschäftigt, wird als *Stratigraphie* bezeichnet. Durch eine Auswertung von unzähligen Einzeldaten und Altersbestimmungen aus allen Teilen der Erde ist eine geologische Zeittabelle (Tabelle 7.1) mit Bezeichnungen entstanden, die international nahezu einheitlich verwendet werden. Die übergeordneten zeitlichen Einheiten werden als „Ära", die nächstkleineren als „Periode" und die in der nächstkleineren Einheit als „Epoche" bezeichnet. Nach diesem Schema kann, besonders bei regional begrenzten Untersuchungen, die Unterteilung in Zeiteinheiten noch weiter verfeinert werden; darauf wurde jedoch in Tabelle 7.1 verzichtet. Die absoluten Zeitangaben (in Millionen Jahren)

Tabelle 7.1. Geologische (erdgeschichtliche) Zeittabelle

Alter in Mio. Jahren	Ära	Periode	Epoche
		Quartär	Holozän
(10000)			Pleistozän
ca. 1,8	Känozoikum (= Neozoikum)	Tertiär	Pliozän Miozän Oligozän Eozän Paläozän
66	Mesozoikum	Kreide	Obere Kreide Untere Kreide
		Jura	Malm Dogger Lias
		Trias	Keuper Muschelkalk Buntsandstein
250			

	Paläozoikum	Perm	Zechstein Rotliegendes
		Karbon	Oberkarbon (Siles) Unterkarbon (Dinant)
		Devon	Oberes Devon Mittleres Devon Unteres Devon
		Silur	Oberes Silur Unteres Silur
		Ordovicium	Oberes Ordovicium Unteres Ordovicium
		Kambrium	Oberes Kambrium Mittleres Kambrium Unteres Kambrium
590	Proterozoikum (= Algonkium) } „Präkambrium“		
ca. 2500	Archaikum (= Azoikum) } „Präkambrium“		
ca. 4000	vorgeologische Zeit		
ca. 4600			

sind nicht als endgültig feststehende Zahlen zu betrachten, sondern werden durch zukünftige Untersuchungen sicherlich noch leicht korrigiert werden.

Auch für das Bauingenieurwesen hat die Einteilung der Gesteine nach ihrem Alter durchaus eine Bedeutung, weil die verschieden alten Gesteine oft charakteristische Eigenschaften besitzen, die ingenieurgeologisch wichtig sind. Wenn das Alter vor allem von Sedimentgesteinen bekannt oder auf einer geologischen Karte angegeben ist, lässt sich damit vielfach voraussagen, wie die Gesteine ausgebildet sein werden und welche Probleme bautechnischer Art sich möglicherweise ergeben können. Einige Punkte, die in diesem Zusammenhang wichtig sind, werden im Folgenden aufgelistet, wobei das Gebiet Deutschlands außerhalb der Alpen im Vordergrund steht. Anders als in der Geologie, in der üblicherweise entsprechend der Reihenfolge ihrer Bildung/Entstehung die ältesten zuerst behandelt werden, wird dabei mit den oben liegenden, also den jüngsten Bildungen begonnen, weil bei ingenieurgeologischen Vorhaben in der Regel von oben nach unten vorgegangen wird.

7.1 Gesteine aus dem Holozän

Im Holozän, das in Deutschland vielfach auch als Nacheiszeit bezeichnet wird, haben sich vor allem gebildet:

- Auenlehm; Kiese, Sande und Schluffe/Tone in Talbereichen,
- Hangschuttmassen,
- Moor- und meist tonig-kalkige Seeablagerungen,

- Marschenschlick (Klei) im Bereich der Nordseeküsten,
- Flug- und Dünensande.

Die Mächtigkeit der holozänen Ablagerungen ist sehr unterschiedlich, im Tal der Elbe bei Hamburg haben sich im Holozän z.B. etwa 10 m Schlick, Sand und örtlich auch Torf gebildet. In den Talauen der Bäche in den Mittelgebirgen können sich in diesem Zeitraum mehr als 5 m Sand, Kies und Ton über festem Fels abgelagert haben, wobei die unteren Lagen davon meist in das Pleistozän gehören. Aus Subrosionssenken (vgl. Abschn. 5.3) in den Tälern der Weser und Leine (Niedersachsen) sind holozäne Flusssedimente mit Mächtigkeiten von mehr als 15–20 m bekannt. Vor allem in Talniederungen ist infolge von Flussverlegungen die Ausdehnung und Mächtigkeit der verschiedenen Ablagerungen sehr wechselnd, so ist z.B. nicht selten ein schnelles seitliches Auskeilen/Aufhören von Kieslagen festzustellen.

Die in Deutschland vorkommenden Sedimente aus dem Holozän sind in der Regel nicht verfestigt. Holozäne Flusskiese enthalten nicht selten große Holzreste oder sogar ganze Baumstämme (sog. „Mooreichen"), die mancherorts einen Kiesabbau erschweren oder unmöglich machen können.

Bei Gründungen von größeren Bauwerken auf holozänen Ablagerungen sind folgende Schwierigkeiten möglich: Untergrund locker und wenig standfest; Gefahr von Setzungen wegen humosen oder torfigen Zwischenlagen; oft betonaggressives Grundwasser, weil reichlich organische Substanz im Sediment vorhanden ist, die eine saure Reaktion bewirkt. In holozänen Lockergesteinen wird vielfach auf Pfählen oder Säulen gegründet, die bis in die Schichten des Pleistozäns oder noch ältere Sedimente herunter reichen. In anderen Fällen werden die holozänen Lockergesteine ausgekoffert. Das hat man z.B. bei Straßenbauarbeiten im Marschgebiet nahe der Nordsee bis zu Tiefen von etwa 9 m durchgeführt. Ungünstig ist zumeist die Gründunge eines Bauwerks teils auf Fels, teils auf Ablagerungen aus dem Holozän, weil diese zu Setzungen neigen und damit Rissbildungen oder andere Schäden im Bauwerk möglich werden (vgl. Abschn. 4.6).

Zu den Ablagerungen des Holozäns gehören im weitesten Sinne auch die anthropogenen, d.h. auf menschliche Tätigkeit zurückgehenden Ablagerungen, Verfüllungen, Deponien u.a. Fast alle sind ingenieurgeologisch und bautechnisch als ausgesprochen schwierig anzusehen, weil ihre genaue Zusammensetzung meist nicht bekannt ist.

7.2 Gesteine aus dem Pleistozän

Sedimentgesteine aus dem Pleistozän, das durch einen mehrfachen Wechsel von Kalt- bzw. Eiszeiten und Warmzeiten (Letztere mit einem Klima vergleichbar dem der Gegenwart) gekennzeichnet war, haben eine große Verbreitung vor allem in Norddeutschland und im Voralpenland. In Norddeutschland erreichen die pleistozänen Sedimente örtlich Mächtigkeiten bis zu 400–500 m.

Aus dem Pleistozän stammen folgende Arten von Lockergesteinen:

Kiese und Sande

Sie sind in den Flusstälern verbreitet (z. B. Schotterebene in Untergrund der Stadt München), daneben in großen Flächen, in denen Schmelzwasserablagerungen vor dem Rand von Gletschern bzw. dem Inlandeis abgelagert wurden (z. B. in der Lüneburger Heide). Insgesamt stellen die pleistozänen Kiese und Sande meist einen guten, tragfähigen Baugrund dar; allerdings können sie Torflagen und Holz- oder Stammreste enthalten. Beim Abgraben vor allem von Kiesen machen sich manchmal betonartig verkittete, karbonatische Zementierungen bemerkbar, wie sie örtlich z. B. in verschieden Bereichen Niedersachsens vorkommen.

Geschiebemergel und -lehme

Diese Gesteine zeichnen sich durch eine stark wechselnde Zusammensetzung aus, vor allem die Zahl und Größe der eingelagerten Gesteinsbrocken (Geschiebe) ist sehr unterschiedlich. Manche Geschiebemergel/-lehme bestehen überwiegend aus feinkörnigem, lehmig-tonigem Material – nahezu ohne Gesteinsbrocken; andere dagegen enthalten kaum feinkörniges Material, sondern fast nur zahlreiche Geschiebe und wirken eher wie ein sehr grobkörniger Schotter. Manchmal werden beim Aufgraben/Durchbohren eines Geschiebemergels/-lehms angetroffene größere Geschiebe nicht als solche erkannt, sondern fälschlicherweise als Oberkante des darunter liegenden Felsuntergrundes angesehen.

Als Baugrund sind Geschiebemergel/-lehme meist gut geeignet. Dabei kann sich günstig auswirken, dass sie oft durch Eisdruck vorbelastet und damit verdichtet worden sind (vgl. Abschn. 4.5). Wegen des hohen Wassergehalts von Geschiebemergeln/-lehmen können diese allerdings zu Frosthebungen neigen, was bei Gründungen zu beachten ist.

Löss und Lösslehm

Löss und auch Lösslehm haben üblicherweise eine gute Tragfähigkeit, bei Wassersättigung neigen sie aber aufgrund ihrer Korngröße (Schluffbereich; vgl. Abschn. 4.3) zu Rutschungen und Setzungen. Bei Gründungsvorhaben in Löss-Bereichen sind deshalb gründliche bodenmechanische Voruntersuchungen nötig.

Insgesamt lagern die pleistozänen Lockergesteine vielfach etwa horizontal, können aber örtlich erheblich verfaltet, gestaucht oder verschuppt sein. Dieses hat nichts mit einer Deformation infolge einer Gebirgsbildung zu tun, sondern ist durch Druck von vorrückenden Gletschern oder Inlandeismassen erfolgt. Wo pleistozäne Gesteine vorkommen, muss deshalb immer damit gerechnet werden, dass sich deren Zusammensetzung auf kürzeste Entfernung ändert. Nicht selten sind Kiese, Sande und Tone aus dem Pleistozän durch die Vorgänge des Frierens und Auftauens durcheinander gemengt bzw. „verbrodelt“, sie zeigen sog. Kryoturbationserscheinungen. Auch eine Zerklüftung, die entstanden ist, als die gefrorenen und dadurch hart gewordenen Lockersedimente vom Eis deformiert wurden, kann in pleistozänen Sedimenten, z. B. Sanden, ausgebildet sein. Sie ist heute vielfach im Aufschluss kaum oder nicht zu erkennen, zeigt sich aber bei bodenmechanischen Untersuchungen an relativ geringen Scherfestigkeits-Werten der betreffenden Schichten.

Außer den verschiedenen Sedimenten wurden während des Pleistozäns im Bereich der Eifel auch reichlich vulkanische Gesteine gefödert: In der sog. Vulkaneifel entstanden verbreitet Basalte, Basaltschlacken und Tuffe.

7.3 Gesteine aus dem Tertiär

In der Tertiär-Zeit haben sich im Gebiet des heutigen Mitteleuropas einerseits Sande, Tone und wenig Kalke/Kalksteine gebildet, andererseits teilweise mächtige Körper/Decken von basaltischen Gesteinen. Die *Sand-* und *Tonfolgen* weisen folgende Besonderheiten auf: Einlagerungen von *Braunkohlen* mit sehr unterschiedlichen, z. T. auch großen Mächtigkeiten (z. B. war das inzwischen abgebaute Hauptflöz im Rheinischen Braunkohlengebiet bei Bergheim nahe Köln bis zu 100 m mächtig); außerdem das Auftreten von harten, verkieselten Zwischenlagen mit Dicken von einigen Dezimetern (sog. *Tertiär-* oder *Braunkohlenquarzite*).

Die Braunkohlen werden in heute meist sehr großen Tagebauen (besonders westlich von Köln, in der Umgebung von Leipzig und in der Lausitz) gewonnen, sie wurden in früheren Jahren aber auch in Hessen und anderen Bundesländern an vielen Stellen in kleinen und großen Vorkommen abgebaut, die unregelmäßig verfüllt wurden und oft nicht ohne weiteres zu erkennen sind.

Die *Basalte* (wozu hier auch alle Basalt-artigen und -ähnlichen Vulkanit-Gesteine gezählt werden) und die dazugehörigen Lockerprodukte wie Tuffe und Schlacken bilden in Deutschland mehrere geschlossene Bereiche (z.B. Vogelsberg, Westerwald, Rhön, Kaiserstuhl) oder treten als Einzelstiele auf. Die letztgenannten gibt es z.B. in Hessen im Gebiet zwischen Kassel oder im Hegau am Bodensee häufig; wegen der Verwitterungs-Festigkeit der Basaltgesteine sind sie häufig als Berge herausgewittert. Im Vogelsberg, dem größten Basaltgebiet Mitteleuropas, erreichen die Basalte und Basalttuffe eine Mächtigkeit von 500 m oder mehr. Wo basaltische Gesteine vorkommen, muss immer bedacht werden, dass vulkanische Lockergesteine wesentlich schneller verwittern und abgetragen werden als die vulkanischen Festgesteine. Vulkanische Lockergesteine sind deswegen unmittelbar an der Oberfläche wenig oder gar nicht vorhanden, können aber in Tiefen von wenigen Metern oder Dekametern unter den oberflächlich angetroffenen festen Vulkaniten durchaus verbreitet sein. Geologen gehen meist davon aus, dass in Vulkanit-Gebieten vulkanische Fest- und Lockergesteinen ursprünglich in einem Verhältnis von etwa 1:1 gefördert worden bzw. vorhanden gewesen sind.

7.4 Gesteine aus dem Mesozoikum

In der jüngeren *Kreidezeit* bildeten sich im Bereich von Deutschland nördlich der Alpen einmal Kalke und Kalksteine, besonders in Form der sog. Schreibkreide, zum anderen sog. Plänerkalke (eine Bezeichnung für plattige Mergelsteine); im Elbsandsteingebirge herrschen dagegen Sandsteine vor. Die Schreibkreide ist vor allem im Untergrund Norddeutschlands, Dänemarks und der Ostsee verbreitet; sie ist deswegen wichtig, weil in ihr alle Feuersteine als kieselige Konkretionen entstanden sind und dann während des Pleistozäns von dem aus Norden kommenden Inlandeis aufgeschürft und verbreitet wurden. In der älteren Kreidezeit wurden vor allem Ton- und Sandsteine (z. B. Obernkirchener Sandstein) gebildet; bemerkenswert in Gebieten mit Sandsteinen aus der unteren Kreide-Zeit ist, dass diese örtlich stark in ihrer Festigkeit bzw. Zementierung wechseln können.

Die *Jura*-Gesteine bestehen im oberen Teil zumeist aus Kalksteinen, deswegen wird dieser auch als Weißer Jura oder Malm bezeichnet. Im mittleren Jura wurden Sandsteine, Tonsteine und eher kleinere Vorkommen von Eisenerzen gebildet. Entsprechend ihrer vorherrschenden Färbung nennt man Gesteine aus diesem Zeitabschnitt den Braunen Jura oder auch Dogger. Für den unteren Jura sind dunkel gefärbte Ton- und Mergelsteine typisch, die als Schwarzer Jura oder Lias zusammengefasst werden. Bautechnisch zu beachten sind in Jura-Gebieten die verschiedenen Karsterscheinungen in den Kalksteinen des oberen Juras, z. B. in der Schwäbischen oder Fränkischen Alb. Ein anderes Problem bildet die oft starke Rutschgefährdung einiger Tonstein-Horizonte innerhalb der Jura-Gesteine, z. B. der sog. Ornatenton im oberen und der Opalinuston im unteren Dogger sowie insgesamt die Tonsteinfolgen im Lias.

Die Sedimentgesteine aus der *Trias*-Zeit lassen eine typische Dreigliederung erkennen: Der obere Teil besteht aus zumeist braunen Sand- und Tonsteinen (Keuper), der mittlere im Wesentlichen aus grauen Kalksteinen (Muschelkalk) und der obere aus überwiegend roten

Sandsteinen mit einzelnen konglomeratischen Lagen und Tonsteinen (Buntsandstein). Bei Bauvorhaben möglicherweise problematisch, weil rutschgefährdet, sind tonige Horizonte im mittleren bis oberen Keuper Süddeutschlands, der mittlere Muschelkalk mit örtlichen Einlagerungen von Sulfat- und Salzgesteinen sowie sowohl der unterste als auch der oberste Buntsandstein, wobei im obersten Buntsandstein auch evaporitische Einlagerungen auftreten können. Die Lagerung von festen Muschelkalk-Gesteinen über tonig-rutschigen Sedimenten des obersten Buntsandsteins führt nicht selten zu Felsabbrüchen und Rutschungen (vgl. Abschn 5.7).

7.5 Gesteine aus dem Paläozoikum und Präkambrium

Große Bedeutung in Mitteleuropa haben die Sedimentgesteine aus der oberen Perm-Zeit des Paläozoikums, dem *Zechstein*, weil sie als Salz-, Sulfat- oder auch Karbonatgesteine ausgebildet sind. Im Untergrund Norddeutschland reichen sie in Form von mehr als 200 *Salzstöcken* bis an die Erdoberfläche oder nahe daran; Grund dafür ist die Tatsache, dass Salzgesteine nicht nur ein geringeres spezifisches Gewicht aufweisen als die meisten anderen Gesteine, sondern auch bei Deformation und Gebirgsdruck plastisch reagieren und so im Laufe von vielen Millionen Jahren nach oben gewandert sind und dabei andere Gesteine durchstoßen haben. Bekannte Beispiele für Salzstöcke, die bis an die Erdoberfläche dringen konnten, sind die sog. Kalkberge (tatsächlich handelt es sich um Anhydrit, teilweise mit Gips) von

Lüneburg und Bad Segeberg (Schleswig-Holstein). Hier und an anderen Stellen (z.B. in der westlichen und südlichen Umrahmung des Harzes) kommt es in und über den verkarsteten Salinar- und Kalkgesteinen der Zechstein-Zeit zu Auslaugungen, Erdfällen und Senkungen (vgl. Abschn. 5.3). Insgesamt sind die aus der Zechstein-Zeit stammenden Gesteine als oft problematischer Baugrund anzusehen.

Alle übrigen Gesteine des *Paläozoikums* und *Präkambriums*, so verschiedenartig sie auch ausgebildet sind, können in der Regel als relativ problemarmer Baugrund eingestuft werden. Es handelt sich um sedimentäre, magmatische und metamorphe Festgesteine. Ihr Deformationsgrad, d.h. ihre Verfaltung und Verstellung, ist meist viel intensiver als bei den bisher besprochenen Gesteinen aus den jüngeren Zeitabschnitten; feinkörnigtonige Gesteine sind oft deutlich geschiefert. Grund dafür ist die sog. variszische Gebirgsbildung, die im Devon und Karbon stattgefunden hat und die im außeralpinen Mitteleuropa die letzte war, bei der es zu intensiven Gesteinsdeformationen gekommen ist. Zu beachten sind Bereiche, in denen Kalksteine mit Verkarstungserscheinungen größere Flächen einnehmen (besonders die Kalksteine aus dem mittleren und oberen Devon, die z.B. im Bergischen Land oder der Eifel vorkommen), und die Gegenden, in denen früher Bergbau auf Steinkohle (z.B. Ruhrgebiet) oder verschiedene Erze (z.B. Siegerland, Schwarzwald, Erzgebirge) umgegangen ist und in denen immer mit zugeschütteten ehemaligen Grubenbauten gerechnet werden muss.

8 Geologische Probleme beim Talsperren-, Tunnel- und Kavernenbau

8.1 Staubecken und Talsperren

Staubecken und Talsperren werden angelegt zur Regulierung des Wasserhaushalts, zur Speicherung von Trinkwasser und zur Stromerzeugung. In Deutschland werden Talsperren überwiegend nach wasserwirtschaftlichen Gründen betrieben, Strom wird nur dann erzeugt, wenn genügend Wasser zur Verfügung steht. Um Strom zu sog. Spitzenzeiten bereitstellen zu können, also wenn besondere Nachfrage besteht, werden einige Talsperren mit Pumpspeicherwerken kombiniert. Diese werden bei Wasser- und Stromüberschuss, d.h. meist nachts, gefüllt, um dann in Bedarfszeiten elektrische Generatoren anzutreiben.

Abschlussbauwerke von Staubecken und Talsperren stellen besondere Anforderungen an den geologischen Untergrund, unabhängig davon, ob diese als Mauer (Gewichts- oder Bogenmauer) oder Damm (meist ein Stein-, seltener ein Erddamm) ausgeführt werden. Deren sichere Gründung ist ein zentrales Problem. Geologische Fragestellungen ergeben sich außerdem im Zusammenhang mit der Dichtigkeit des Stauraums selbst, mit der Bereitstellung von geeignetem Gesteinsmaterial zur Schüttung eines Dammes und bei der meist erforderlichen Verlegung von Verkehrswegen (Anlage neuer Trassen, gegebenenfalls mit Einschnitten oder Tunneln) und Ortschaften (z. B. auch Beschaffung von Trinkwasser).

8.1.1 Abschlussbauwerk (Sperrstelle)

Die Errichtung eines Abschlussbauwerks erfordert eine gründliche geologische Untersuchung der vorhandenen Gesteinsarten, ihrer Lagerungsverhältnisse und ihres Verwitterungszustands. Der Verlauf aller Absonderungsflächen (z. B. Klüfte, Verwerfungen, Schieferungsflächen) muss ermittelt werden; Gesteine, die Hohlräume (z. B. Verkarstungserscheinungen) enthalten oder in denen sich welche bilden könnten, müssen besonders beachtet werden. In der Regel sind zahlreiche, genügend tief herunter zu bringende Kernbohrungen erforderlich, wobei in Festgesteinen außer einer detaillierten Auswertung der Bohrkerne meist eine Überprüfung der Art der Zerklüftung des Untergrunds erfolgt (durch Einpressen von Wasser oder Fernsehsondierungen). Üblicherweise standfest und undurchlässig und damit als Untergrund für ein Abschlussbauwerk gut geeignet sind viele magmatische Gesteine (z. B. Granit, weniger Basalt), von den Sedimentgesteinen die Mehrzahl der Sand- und Tonsteine sowie von den metamorphen Gesteinen Gneise und auch manche Glimmerschiefer.

Der Bau einer *Mauer* als Abschluss bietet sich an, wenn das Tal an der vorgesehenen Sperrstelle vergleichsweise eng ist und hier aus festem, undurchlässigem Fels besteht. Ein *Damm* wird eher in breiten Tälern und bei nicht ganz idealen Gesteinsverhältnissen im Untergrund bevorzugt, bei denen geringfügige Setzungen möglich sind. Dämme werden auch deshalb gebaut, weil in vielen Tälern oder Talabschnitten nicht selten Verwerfungen verlaufen. Diese sind in Mitteleuropa überwiegend nicht (mehr) aktiv, stellen aber Schwächezonen in den Gesteinen des Untergrunds dar, an denen schon durch das Gewicht eines Abschlussbauwerks leichte Verschiebungen oder Vertikalbewegungen ausgelöst werden können. In erdbebengefährdeten Gebieten (vgl. Kap. 3) sollten grundsätzlich keine Talsperren errichtet werden.

Die unter einem Abschlussbauwerk vorhandenen Fest- oder Lockergesteine dürfen weder zu größeren Setzungen neigen noch wasserdurchlässig oder ausspülbar sein. Besonders wichtig ist die Verhinderung jeder Wasserzirkulation unter dem Abschlussbauwerk, weil diese leicht zu hydraulischen Grundbrüchen auf der Luftseite des Dammes oder der Mauer führen können, wenn der vom Wasser im Stauraum ausgehende Druck nicht abgehalten bzw. unterbrochen wird. An der Staustelle vorhandene Gesteine mit ungünstigen Eigenschaften können, sofern sie nur eine geringe Mächtigkeit haben, entfernt (ausgekoffert) werden. In anderen Fällen sind Abdichtungsmaßnahmen (Betonmauern oder sog. Schürzen, Schlitzwände und/oder Injektionen mit Zementmilch oder anderen abdichtenden Substanzen) erforderlich, die bis zu festen/undurchlässigen Schichten hinab geführt werden und somit den vorhandenen geologischen Strukturen bis zu Tiefen von 100 m und mehr folgen müssen (Abb. 8.1). Dabei ist zu bedenken, dass sehr poröse und/oder mürbe Gesteine (z. B. Kiese in der Talaue oder stark zerklüftete Festgesteine) sich durch

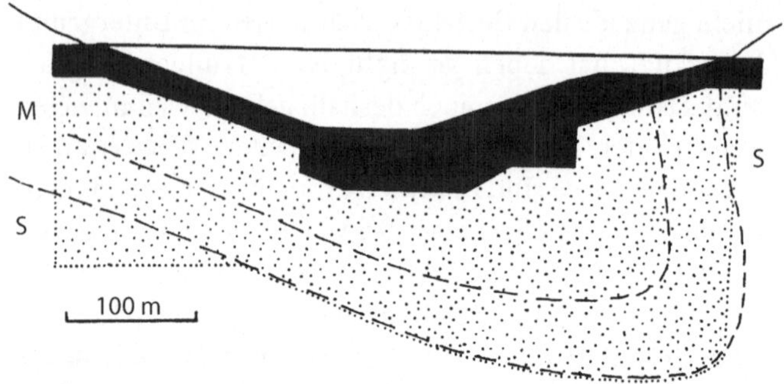

Abb. 8.1. Schematisches Querprofil der Untergrundabdichtung an der Henne-Talsperre bei Meschede im Sauerland. Die Begrenzungen der Betonschürze (*schwarz*) und des Dichtungsschleiers (*gepunktet*) folgen den als Mulde ausgebildeten Schichten (Schichtflächen *gestrichelt*). *M* = wasserdurchlässiger Mergelstein; *S* = wasserundurchlässiger Schiefer. (Nach einer Druckschrift des Ruhrtalsperrenvereins, Essen, 1955)

Einpressen von Zement o.Ä. oft nicht ausreichend abdichten lassen. Möglichst sollte jede Verpressmaßnahme durch einige anschließende Kernbohrungen in den verpressten Bereich hinein überprüft werden.

Eine andere Möglichkeit der Abdichtung eines Abschlussbauwerks einer Talsperre ist die sog. Wannenabdichtung mit einer Kunststofffolie. Diese wird vom Fuß des Dammes oder der Mauer um mehrere Zehner von Metern auf dem Boden des Stauraums in diesen hinein verlegt. Dabei muss gewährleistet sein, dass die Dichtung sich nicht von ihrem Untergrund löst, z.B. durch einströmendes Grundwasser oder Bodengase, und dadurch durchlässig wird.

8.1.2 Stauraum

Damit ein Staubecken oder eine Talsperre seinen/ihren Zweck erfüllen, müssen sie dicht sein. Verkarstete oder auslaugungsgefährdete Gesteine sollten deshalb nicht im Stauraum vorkommen, ebenso keine größeren Verwerfungs- oder Störungszonen. Kleinere undichte oder gefährdete Stellen können durch Aufbringen von Ton- oder Lehmschichten versiegelt werden. Die Talhänge des späteren Stauraums dürfen keine Gesteine enthalten, die bei Vollstau aufweichen würden, wodurch Rutschungen oder Felsstürze ausgelöst werden könnten. Alle Spuren einer früheren Bergbautätigkeit sind zu beachten, weil oft alte Pingen oder kleine Schächte nur notdürftig verfüllt worden sind und damit mögliche Leckstellen darstellen.

Bei manchen Talsperren werden an den Einmündungen des Hauptflusses und seiner Nebenflüsse/-bäche sog. Vordämme errichtet. Diese ermöglichen es, starke Schwankungen im Wasserstand des Staubeckens auszugleichen; außerdem fangen sie Ton, Sand und Kies ab, die von den Wasserläufen in das Becken hinein transportiert werden. Das kann besonders in Gebieten mit geringer Vegetation, vor allem außerhalb Europas, wichtig sein, weil verbreitet der Materialtransport der Wasserläufe wesentlich größer ist als in Deutschland und für Staubecken in derartigen Lagen die Gefahr besteht, innerhalb von wenigen Jahren bzw. Jahrzehnten teilweise verfüllt zu werden. In jedem Fall ist bei Vordämmen auch auf einen dichten, d.h. wasserundurchlässigen Untergrund zu achten.

8.1.3 Baumaterial

Die großen Mengen an Gesteins-Material, die bei dem Bau eines Abschlussbauwerks erforderlich sind, sollten möglichst in seiner Nähe bereit gestellt werden, um größere Transportwege und damit Kosten zu vermeiden. Für Mauern werden vor allem Sande, Kiese und gebrochene Natursteine als Betonzuschläge benötigt, bei Dämmen besonders als Schüttmaterial. In allen Fällen dürfen bei den Geröllen der Kiese und bei den zum Brechen vorgesehenen Festgesteinen keine zersetzbaren (z.B. weiche Tongesteine oder Gips) oder plattig-schiefrigen Anteile (ungünstige Eigenschaften als Betonzuschlag oder Schüttmaterial, weil schlecht einzurütteln oder zu verdichten) enthalten sein. Wenn es möglich ist, das Dammschüttmaterial im Stauraum selbst abzubauen, kann dieser dadurch noch geringfügig vergrößert werden.

8.2 Tunnel und Stollen

Am Beginn jedes Tunnel- oder Stollenbauprojekts steht eine geologische Detailkartierung, welche die Grundlage eines nachfolgenden Bohrprogramms bildet. In der Regel müssen die Bohrungen als Kernbohrungen ausgeführt werden, weil nur so Zusammensetzung und Lagerungsverhältnisse der zu durchörternden Gesteine genau zu ermitteln sind. Die Bohrungen sollten immer etwas tiefer hinunter reichen, als die spätere Tunnel- oder Stollensohle projektiert ist. Die geologische Kartierung und die Auswertung der Bohrungen müssen folgende Punkte zum Inhalt haben:

- Art, Mächtigkeit und Lagerungsverhältnisse der Gesteine,
- Härte, Zerklüftung und Standfestigkeit der Gesteine,
- Wasserverhältnisse (Grundwasser, Kluftwässer),
- Gefahr von möglichen Rutschungen/Felsstürzen an den vorgesehenen Mundlöchern.

Wenn dabei zum einen oder anderen Punkt nur ungefähre oder unsichere Aussagen möglich sind, sollte das im Untersuchungsbericht deutlich angegeben werden.

Wo verschiedenartige Gesteine sich auf engem Raum abwechseln, ist die kürzeste Tunnelstrecke nicht immer die günstigste. Am besten zu durchörtern sind massige und dickbankige Gesteine (z.B. Granit oder Sandsteine), weniger gut solche, die stark zerklüftet und/oder geschiefert sind. Liegen die Hauptabsonderungsflächen annähernd horizontal (söhlig), besteht die Gefahr, dass große Gesteinsplatten von der Firste (Decke des Tunnels/Stollens) herabbrechen können. Dieses Phänomen wird im Bergbaubetrieb als sog. Sargdeckel bezeichnet. Die Stollenachse sollte möglichst senkrecht zu den Hauptabsonderungsflächen verlaufen, weil dann der sog. Mehrausbruch meist am geringsten ist (Abb. 8.2). Keine Tunnelstrecke lässt sich in Festgesteinen ganz ohne Mehraufbruch auffahren, es muss aber darauf geachtet werden, diesen so gering wie möglich zu halten. Nach Fertigstellung von Tunnelprojekten kommt es nicht selten zu Streitereien darüber, ob der Mehrausbruch „geologisch bedingt“ und damit im Wesentlichen unvermeidlich (Abb. 8.3) oder auf nicht ganz sachgemäße Arbeitsweise

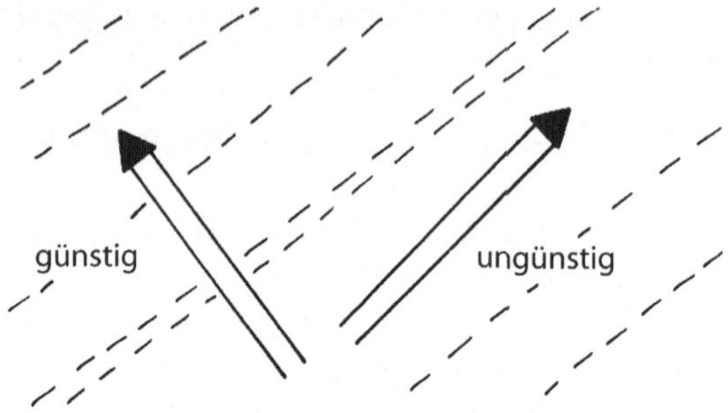

Abb. 8.2. Berücksichtigung der Hauptabsonderungsflächen (Schicht-, Schieferungs- oder Kluftflächen; *gestrichelte Linien* geben deren Richtung an) bei der Festlegung der Vortriebsrichtung eines Tunnels/Stollens; schematische Aufsicht

Abb. 8.3. Geologisch bedingter Mehrausbruch (*schwarz*) beim Auffahren eines Tunnels/Stollens, hervorgerufen durch die Absonderungsflächen im Gestein; schematischer Profilschnitt

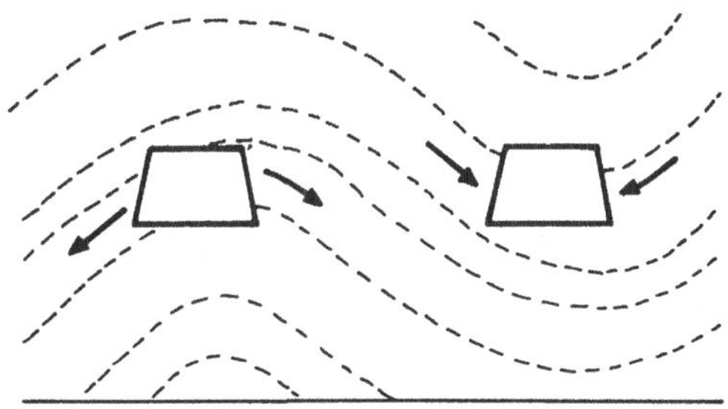

Abb. 8.4. Wasserzuflüsse und höherer Gebirgsdruck bei Muldenposition, Trockenheit und geringerer Gebirgsdruck bei Sattelposition von Tunneln/Stollen in gefalteten Sedimentgesteinen. *Pfeile:* Druck- bzw. Fließrichtung. Schematischer Profilschnitt

zurückzuführen war. Die Vortriebsarbeiten müssen ständig an die wechselnden geologischen Verhältnisse in den Gesteinen angepasst werden, besonders dann, wenn sich nach Beginn der Arbeiten herausstellt, dass diese etwas anders sind, als nach den Voruntersuchungen anzunehmen war.

Ab etwa 150 m Tiefe macht sich in Tunneln und Stollen der Druck der überlagernden und umgebenden Gesteine bemerkbar: Vor allem tonige Gesteine neigen dazu, in den Tunnelhohlraum hinein zu drücken, bei verschiedenen Festgesteinen kann es zu Abplatzungen kommen. In gefalteten Gesteinsschichten ist der Gebirgsdruck in einem Tunnel, der durch einen Sattel hindurch führt, geringer als bei einer Position des Tunnels in einer Mulde (Abb. 8.4). Bei den Letztgenannten ist deshalb auch die Gefahr von Einbrüchen der Tunnelfirste größer.

Sehr zu beachten ist bei Tunnelvortrieb die Wasserführung der Gesteine. In Lockergesteinen muss vorhandenes Grundwasser gegebenenfalls durch Abpumpen abgesenkt werden. In Felsgesteinen zirkulieren Wässer bevorzugt auf Schichtflächen, Klüften und Verwerfungen, wobei in einer Muldenposition die Zuflüsse oft größer sind als in einer Sattelposition (Abb. 8.4). Besonders Verwerfungen sind oft stark wasserführend, nicht selten kommt es zu großen, manchmal auch katastrophalen Wassereinbrüchen, wenn Verwerfungen angefahren werden. Das gleiche Problem besteht bei verkarsteten Felsgesteinen, in denen wasserführende Hohlräume vorhanden sein können. Häufig kündigt sich eine wassergefüllte Zone beim Vortrieb dadurch an, dass die Temperatur im Tunnel/Stollen merkbar steigt oder fällt.

Manche Sicker- und/oder Kluftwässer sind aggressiv gegen Beton und Mauerwerk, weil sie schädliche Komponenten enthalten, die überwiegend aus den umgebenden Gesteinen selbst herausgelöst werden. Hierzu gehören Schwefel-haltige *Säuren*, die generell eine zerstörende Wirkung besitzen, oder *Na- und/oder Mg-Sulfate*, die in Kalksteinen, Mörtel und Beton zur Bildung von Gips unter gleichzeitiger Quellung und Zerstörung führen können. Als Quelle des Schwefels kommen Gips- oder Anhydrit-Einlagerungen oder noch häufiger die sehr verbreiteten Minerale Schwefeleisen (= Pyrit oder Markasit, FeS_2) in Frage. Ebenfalls schädlich kann Kohlendioxid wirken, das aus der Luft und den Niederschlägen in die Sicker- und Kluftwässer gelangen kann. Es führt in Kalksteinen, Mörteln und Beton oft zu Herauslösungen, weil unlösliches Karbonat in lösliches Hydrogenkarbonat umgewandelt wird ($CaCO_3 + CO_2 + H_2O \rightarrow Ca[HCO_3]_2$).

Durch das Auffahren von Tunneln und Stollen können auch oberirdisch fließende Wasserläufe beeinträchtigt werden, besonders im Bereich von verkarsteten Gesteinen. Wenn Quellen und Bäche von unten angezapft werden, führt das zu Wasserverlusten oder sogar zum Versiegen. Seen sind insgesamt weniger gefährdet, weil sie an ihrem Boden meist durch eine Ton- und Schlamm-Schicht abgedichtet sind. Wenn zu befürchten ist, dass geplante Tunnel/Stollen Oberflächen- oder Grundwässer beeinflussen könnten, sollten vorbeugend 1–2 Jahre vor Baubeginn alle Wasserläufe und Quellen in der Umgebung der späteren Baustelle überwacht und gemessen werden (Schüttungsmenge und chemische Zusammensetzung der Wässer mit Schwankungen), um Unterlagen für mögliche spätere Streitfälle bereit zu halten.

In seltenen Fällen kommt es beim Auffahren von Tunneln und Stollen zu Austritten von Gasen. In der Nähe von Sprudel- und Mineralquellen kann z.B. Kohlendioxid, das erstickend wirkt, austreten. In Steinkohlengebieten sind Austritte von Methan-Gas möglich (vgl. Abschn. 5.5), die bei ungünstigen Verhältnissen auch Explosionen (die in Kohlenbergwerken gefürchteten „Schlagenden Wetter“) auslösen können.

Bei der Anlage von tiefen Tunneln müssen mögliche Temperaturerhöhungen berücksichtigt werden. In den oberen 20–30 m der Erdkruste weisen die Gesteine etwa die Jahresmitteltemperatur auf (in Deutschland etwa 7–10 °C), darunter steigt sie im Durchschnitt etwa um 3 °C auf je 100 m Tiefenzunahme an; es gibt aber weltweit viele Ausnahmen (vgl. Abschn. 4.8). Höhere Zunahme der Temperatur bzw. höherer *Wärmefluss* ist vor allem in Gebieten mit aktiver Vulkantätigkeit und aktiver

Gebirgsbildung zu finden. Niedriger ist die Temperaturzunahme dort, wo vorwiegend metamorphe Gesteine aus dem Präkambrium verbreitet sind. In Deutschland gibt es Bereiche mit einer Zunahme der Erdtemperatur von bis zu mehr als 10 °C auf 100 m (z. B. um Bad Urach in Baden-Württemberg oder bei Landau in der Pfalz). Bei normalem oder erhöhtem Wärmefluss werden in Gebirgstunneln beachtlich hohe Wärmewerte erreicht (z. B. im Simplon-Tunnel in den Schweizer Alpen bei rund 2000 m überlagerndem Gestein etwa 55 °C).

8.3 Kavernen

In letzter Zeit hat der Bau von unterirdischen Kavernen eine große Bedeutung bekommen. In Norddeutschland gibt es mehrere Kavernen, die in den aus dem tieferen Untergrund aufragenden Salzstöcken angelegt wurden (vgl. Abschn. 7.5). Salze sind undurchlässig für Gas und für viele Flüssigkeiten, insofern können Salzkavernen für die Einlagerung von Rohöl benutzt werden (z. B. in der Nähe von Wilhelmshaven). Die erforderlichen Hohlräume in den Salzgesteinen wurden durch Ausspülen, eine sog. Aussolung, erzeugt (Abb. 8.5). Kontrovers diskutiert wird seit vielen Jahren die mögliche Endlagerung von radioaktiven Abfallprodukten in Salzkavernen (z. B. Salzstock von Gorleben in Niedersachsen). Im Prinzip kommt es bei derartigen Vorhaben in Salzstöcken darauf an, durch intensive Untersuchungen (mittels Bohrungen oder durch bergmännischen Aufschluss) festzustellen, ob ein Salzstock tatsächlich Bereiche enthält, die als

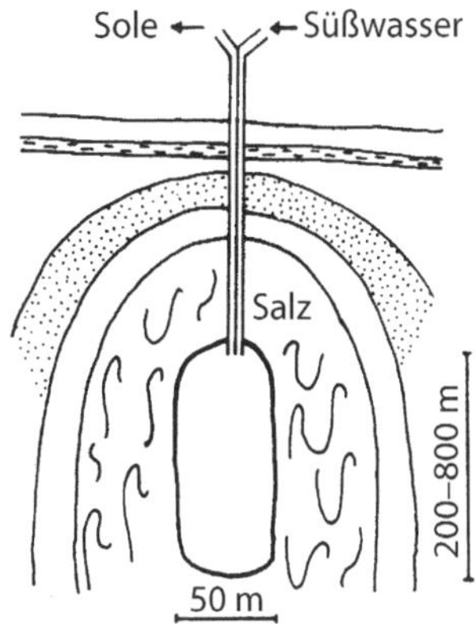

Abb. 8.5. Schematischer Profilschnitt durch eine Aussolungskaverne in einem Salzstock

absolut homogen und dicht gelten können und insofern geeignet wären, um in ihnen Kavernen mit einer extrem langen Lebensdauer anzulegen.

Außer in Salzgesteinen werden Kavernen auch in Festgesteinen angelegt, besonders in Graniten und massigen bis dickbankigen Sandsteinen oder Grauwacken. Ein Beispiel für die zuletzt genannten Gesteine ist die Felskaverne bei Waldeck in Hessen, die eine Grundfläche von 30 × 120 m und eine Höhe von 45 m besitzt, um die Maschinenanlagen des Pumpspeicherwerks Edersee aufzunehmen. Bei Gaskavernen, die sowohl in Salzgesteinen als auch in anderen Felsgesteinen angelegt wurden, wird teilweise versucht, das Gas (ähnlich wie beim Prinzip eines Pumpspeicherwerks) unter Druck einzulagern, um in Spitzenzeiten zusätzlich Energie durch die Druckentlastung des ausströmenden Gases zu gewinnen. In den USA hat man auch schon Felskavernen gebaut, in die während der Nacht mit Überschussstrom normale Luft eingepresst und am Tage wieder freigesetzt wird, um damit Stromgeneratoren zu betreiben. In solchen Fällen stellen die zusätzlichen, vielfach wechselnden Drücke sehr hohe Anforderungen an die Festigkeit der Gesteine, sodass bei derartigen Projekten sorgfältige geologische und felsmechanische Voruntersuchungen erforderlich sind.

Kavernen leiten zu *Untertagespeichern* (z.B. Erdgasspeicher Engelbostel nahe Hannover) über. Bei diesen wird im Untergrund kein Hohlraum geschaffen, sondern die natürliche Porosität von lockeren oder verfestigten Speichergesteinen ausgenutzt. Die in den Poren des Gesteins vorhandene Luft wird ausgetrieben und durch Gas ersetzt. Wenn die Speichergesteine von undurchlässigen Gesteinsschichten umgeben und/oder überlagert werden, z.B. in einer sattelförmigen Faltenstruktur, entsteht eine Art natürlicher Behälter aus Gestein, in dessen Poren Gase eingelagert und bei Bedarf wieder entnommen werden können.

9 Fest und Lockergesteine als Baumaterial

9.1 Erkundung und Abbau von Natursteinen

Die Frage, ob der Abbau eines Vorkommens von lockeren oder verfestigten Natursteinen neu begonnen, fortgesetzt oder eingestellt werden soll, hängt hauptsächlich von den geologischen, petrographischen und bautechnischen Eigenschaften des Gesteinsmaterial, also von seiner Qualität, ab. Daneben sind folgende Faktoren wichtig:

a) *Lage/Nähe des Vorkommens zu vorhandenen Verkehrswegen* (Straßen, Wasserwege, Eisenbahn). Bei relativ geringwertigen Massengütern wie Kies oder Schotter/Splitt erreichen bereits bei Entfernungen von etwa 20 km die Transportkosten nicht selten den Wert des Materials; Transporte über größere Entfernungen kommen deshalb vielfach nicht in Frage. Bei höher wertigem Gesteinsmaterial, also z.B. reinen Quarzkiesen, Formsanden ebenso wie bei Werk- und Ornamentsteinen, sind wesentlich weitere Lieferwege üblich. So werden Rohblöcke von Werksteinen aus Südafrika oder Südamerika nach Deutschland transportiert, um hier weiter verarbeitet zu werden.
b) *Art und Größe des Vorkommens.* Hierzu gehören beispielsweise folgende Parameter: Art und Mächtigkeit

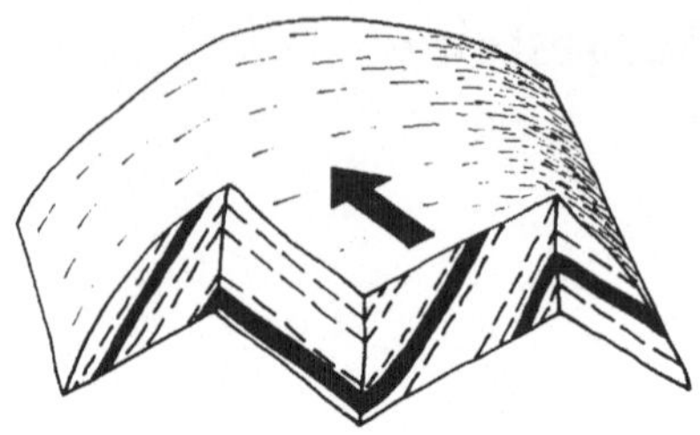

Abb. 9.1. Abbau von Natursteinen unter Berücksichtigung der Hauptabsonderungsflächen, hier der Schichtflächen; Vortrieb möglichst in Richtung des Streichens dieser Flächen (*Pfeilrichtung*)

des Abraums, mögliche Einschlüsse oder Ablagerungen von Fremdgesteinen (z. B. Nester von Tuff in Basalten) und die Wasserverhältnisse, vor allem der Stand des Grundwassers. Liegen geschichtete oder geschieferte Gesteine vor, sollte ein Abbau/Vortrieb weder mit dem Einfallen der Haupt-Absonderungsflächen (Gestein schwer herauslösbar, hoher Verbrauch von Sprengstoff) noch gegen dieses (Gefahr des Abrutschens von großen Gesteinsblöcken) erfolgen, sondern bevorzugt in deren Streichrichtung (Abb. 9.1). Wenn möglich, werden Steinbrüche mit der Öffnung nach Norden angelegt, damit das Gestein länger „bergfeucht" und damit leichter gewinn- und bearbeitbar bleibt (geringerer Verbrauch von Sprengstoff). Manchmal kann bei Anlegen eines neuen Steinbruchs die Ausrichtung seiner Öffnung nach Norden nicht gleich erreicht werden; in solchen Fällen sollte versucht werden, die Bruchwand bei fortschreitendem Abbau zu schwenken.

c) *Anwendung eines wirtschaftlichen, d. h. kostengünstigen Abbauverfahrens.* Am Beginn der Gewinnung von natürlichem Gesteinsmaterial sollte immer eine geologische Begutachtung stehen, die vergleichsweise nicht sehr kostspielig ist. Grundlagen hierfür sind die DIN 52101 (Prüfung von Naturstein; Probenahme), DIN 52106 (Prüfung von Naturstein; Beurteilungsgrundlagen für die Verwitterungsbeständigkeit) und Teile der RG Min (Richtlinien zur Güteüberwachung von Mineralstoffen = Vorschriften für eine kombinierte Eigen- und Fremdüberwachung). Bei Bedarf sind weitere Normen und Richtlinien im geologischen Gutachten zu berücksichtigen.

Natursteine werden heute in Deutschland meist in Großbetrieben abgebaut. Lösen und Hereingewinnen erfolgen in den Steinbrüchen vielfach nach dem Großbohrloch-Sprengverfahren; nur bei der Gewinnung von Werk- und Ornamentsteinen wird in und auch außerhalb von Deutschland teilweise noch nach verschiedenen Methoden „abgekeilt", d. h. versucht, große Blöcke abzuspalten. Bei Werk- und Ornamentsteinen kommt es darauf an, möglichst sehr hochwertiges Gesteinsmaterial abzubauen, während als Ausgangsprodukt für die Herstellung von gebrochenen Natursteinen (Schotter und Splitt) eher besonders gleichmäßig ausgebildete, gute (nicht unbedingt hervorragende) Gesteine gesucht werden.

Von geologischer Seite stellt man nicht selten fest, dass die Lage von Abbaustellen von Fest- und Lockergesteinen eher zufällig ist und von Tradition und Grundstücksverhältnissen abhängt, sodass nicht immer die am besten geeigneten Gesteine abgebaut werden. Es ist deshalb wenig verständlich, wenn im Naturstein-Bereich manchmal auch heute noch auf eine preiswerte geologische Vorerkundung und Beratung verzichtet wird, obwohl das Gestein selbst als Grundlage/Fundament eines späteren Abbaus, dessen Einrichtung erhebliche Kosten verursacht, mit höchster Sorgfalt ausgesucht werden sollte.

9.2 Werk- und Ornamentsteine

Während für Mauerwerk hauptsächlich Bruchsteine verwendet werden, ist bei der Mehrzahl der Werksteine eine weitere zusätzliche Bearbeitung erforderlich: Spalten, Sägen, Schleifen und Polieren. Weil heute die Rohsteinblöcke meist maschinell weiter verarbeitet werden, bevorzugt man für Werk- und Ornamentsteine größere Rohsteinblöcke von mindestens 0,4 m^3 Größe und je mindestens 40 cm in der Länge, Breite und Höhe; das bedeutet, dass Schicht- und übrige Trennflächen (vgl. Abschn. 5.2) im abzubauenden Gestein relativ große Abstände aufweisen müssen. Die Rohblockhöffigkeit von Naturstein-Vorkommen liegt in der Praxis oft unter 10%.

Grobes Vorschleifen der Natursteine wird als „Schuren" bezeichnet. Durch eine Glättung der Gesteinsoberfläche wird nicht nur die Farbwirkung des Gesteins verbessert, sondern in der Regel auch seine Verwitterungsbeständigkeit erhöht. Eine polierte Gesteinsoberfläche, die sich mit der Hand glatt anfühlt, zeigt unter dem Mikroskop immer noch ein deutliches Relief mit Erhebungen (härter Mineralkörner, z.B. Quarz) und Vertiefungen (weichere Mineralkörner, z. B. Glimmer). Voraussetzung für eine erfolgreiche und gute Politur ist deshalb, dass die zu bearbeitenden Gesteine aus Mineralen zusammengesetzt sind, die keine extrem großen Härteunterschiede aufweisen.

Manche Gesteine, vor allem Kalksteine, werden vielfach schon in der Nähe des Abbauortes bearbeitet, weil im bergfeuchten Zustand das Gestein deutlich weicher ist. So lässt sich Travertin (Quellkalk), ein poröser Kalkstein, im frischen Zustand wesentlich leichter sägen als nach seiner Austrocknung.

Im Steinmetzgewerbe sind einige besondere Bezeichnungen üblich, die nicht denen in der Geologie bzw. Gesteinskunde entsprechen: Alle polierbaren Kalksteine, auch die kalkigen Sedimentgesteine, werden z. B. „Marmor" genannt (in den Geowissenschaften werden als Marmor nur die durch Metamorphose-Prozesse veränderten körnigen Kalksteine bezeichnet; vgl. Abschn. 2.1). Manche der oft sehr fantasievollen Handelsnamen für Werk- und Ornamentsteine sind in Bezug auf Herkunft und Entstehung der Gesteine eher irreführend oder sogar falsch.

Die wichtigsten Verfahren der Oberflächenbearbeitung von Natursteinen haben folgende Bezeichnungen (Abb. 9.2):

- *Scharrierung* (parallele Riefen, in Norddeutschland üblich seit dem 15.–17. Jahrhundert),
- *Stockung* (fein punktierte Oberfläche, in Norddeutschland üblich seit dem 18. Jahrhundert),
- *Krönelung* (grob punktierte bzw. geriefte Oberfläche, in Norddeutschland üblich seit etwa 1850).

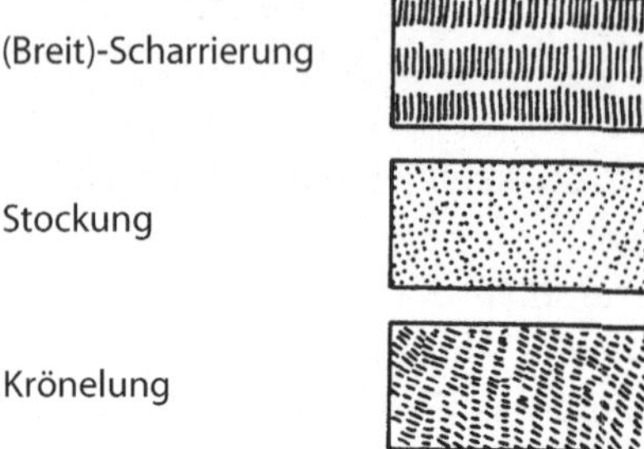

Abb. 9.2. Einige wichtige Arten der Oberflächenbearbeitung von Werksteinen

Aufgrund des Erscheinungsbildes von bearbeiteten Gesteinsoberflächen kann deshalb die Bauzeit eines Gebäudes schon ungefähr festgelegt werden.

Nicht selten gibt es bei Abnehmern von Platten oder Verkleidungen aus Naturstein Beanstandungen, weil einzelne Verfärbungen (z. B. durch bräunlich verwitternde Einzelminerale von Schwefeleisen, die in manchen Graniten vorkommen können), Einschlüsse oder Schlieren in Natursteinen deren Gesamteindruck, besonders an Fassaden, beeinträchtigen können. Natursteine sind aber vielfach nicht so homogen zusammengesetzt wie industriell hergestellte Steinprodukte; auf diesen Punkt sollte unbedingt rechtzeitig von Architekten und dem Natursteinhandel hingewiesen werden.

Natursteine, die im Innenausbau verwendet werden, sind üblicherweise nur dann gefährdet, sich zu verändern oder sogar zu verwittern, wenn sie häufig mit Wasser in Berührung kommen (z. B. Fußbodenplatten). Zu beachten ist auch, dass alle Kalksteine mehr oder minder empfindlich gegen Säuren sind. Bei dem häufig für Fensterbänke verwendeten sog. Treuchtlinger Marmor (bei dem es sich tatsächlich um einen mergeligen Kalkstein handelt), vielfach auch im Natursteinhandel als „Deutsch Gelb“ bezeichnet, verursachen z.B. schon Flecken von meist schwach sauer reagierenden Fruchtsäften Schäden an der Politur. Seltene Ausblühungen oder Auskristallisation von Salzen und damit Beschädigungen der Oberflächen von in Innenräumen verwendeten Natursteinen können auch dadurch ausgelöst werden, dass Zement mit zu hohen Gehalten von Alkalien verwendet wurde, diese in Lösung gingen und infolge periodischen Heizens in den Natursteinen wieder ausgeschieden wurden.

An Außenfassaden angebrachte Werksteine unterliegen in der Regel deutlichen Verwitterungsprozessen, die denen ähnlich sind, die Natursteine betreffen, welche in einer Klippe oder einem Felsen aufragen. Typische Erscheinungsformen der Verwitterung sind Bleichungen und Verfärbungen, Absanden oder Bildungen von Krusten. Schädlich wirken sich vor allem Feuchtigkeit, Industrie- und Autoabgase (insbesondere CO_2, Stickoxide und SO_2) sowie Veränderungen des sog. Kleinklimas aus (in windgeschützten Innenstädten sind die Temperaturen vielfach deutlich höher als im unbebauten Umland). An vielen Verwitterungen oder Veränderungen von Natursteinen sind Mikroorganismen (z.B. Algen) beteiligt, wenn diese im Einzelnen auch schwer nachzuweisen sind. Die Verwitterungserscheinungen an Bauwerken und Denkmälern in den Städten haben seit dem Beginn der Industrialisierung am Ende des 19. Jahrhunderts deutlich zugenommen, in letzter Zeit, d.h. seit die Bemühungen um die Reinhaltung der Luft trotz der modernen Zunahme des Autoverkehrs einige Erfolge zeigen, sind sie allerdings kaum angestiegen. Trotzdem ist das Ausmaß der Schäden an Bauwerken und Denkmälern aus Naturstein enorm; mache sind trotz fortwährender Renovierungsarbeiten (z. B. am Kölner Dom) nur schwer in ihrer derzeitigen Form zu erhalten.

Eine genaue Vorhersage über die Verwitterungsanfälligkeit von bestimmten Natursteinarten ist nicht immer einfach. Beobachtungen an bestehenden Bauwerken aus dem gleichen Material geben meist gute Anhaltspunkte. Bei Sedimentgesteinen spielt vor allem die Art des Bindemittels eine Rolle. So sind Sandsteine mit tonigem, glimmerigem, tonig-kalkigem und Glaukonit-enthaltendem Bindemittel meist relativ verwitterungsanfällig.

Auch eine fehlerhafte Bauausführung kann die Verwitterung (Ausblühungen, Frostschäden) von Natursteinen in Fassaden und Mauern begünstigen:

- Die einzelnen Steinblöcke dürfen nicht „auf den Spalt gestellt" werden, d. h. ihre Schicht- oder auch Schieferungsflächen, selbst wenn sie kaum zu erkennen sind, sollten nicht senkrecht stehen, weil dadurch ein Eindringen von Niederschlagsfeuchtigkeit und -wasser begünstigt würde.
- Nebeneinander eingemauerte Steine ebenso wie der verwendete Mörtel müssen etwa die gleiche Porosität besitzen, damit zirkulierende Feuchtigkeit nicht an Grenzflächen gestaut wird.
- Zwischen Wand und Naturstein-Verblendung sollte ein Zwischenraum belassen werden, damit eingedrungene Feuchtigkeit verdunsten kann, bevor sie Schäden anrichtet.

- Die Oberfläche der Natursteine darf nicht durch zu heftige Bearbeitung aufgelockert worden sein.

Durchaus umstritten ist die Verwendung von sog. Steinschutzmitteln (auf silikatischer oder Kunstharzbasis), mit denen nicht selten Natursteine bestrichen bzw. imprägniert werden, um sie vor Verwitterung zu schützen. In einigen Fällen hat man damit gute Erfolge erzielt, in anderen sind vorhandene Schäden noch verschlimmert worden. Jedes Gestein reagiert anders auf Steinschutzmittel. Bevor diese eingesetzt werden, sollte man sich durch mehrjährige Voruntersuchungen oder Auswertung der Erfahrungen an anderen Bauwerken, die aus gleichartigen Natursteinen bestehen, davon überzeugen, dass die in Aussicht genommenen Mittel tatsächlich schützend wirken und das typische Erscheinungsbild des Gesteins nicht verändern. Problematisch ist in jedem Fall das Überstreichen von Natursteinen mit kräftigen Farben, weil nach dem heute verbreiteten Geschmack die ursprüngliche Färbung der Natursteine eher erhalten bleiben sollte. Dabei ist allerdings zu bedenken, dass ein derartiges Belassen der natürlichen Steinfarben bei vielen älteren Gebäuden nicht immer dem originalen Zustand entspricht, weil z.B. im Mittelalter Außen- und Innenwände aus Naturstein meist übermalt wurden.

Infolge des vielfältigen geologischen Aufbaus von Deutschland gibt es zahlreiche verschiedene Arten von einheimischen Natursteinen, die früher als Werk- und Bausteine verwendet wurden und teilweise auch heute noch im Abbau stehen. Manche deutsche historische Innenstadt ist durch Gebäude aus bestimmten Bausteinen, die meist in der näheren Umgebung gebrochen wurden, gekennzeichnet. So sind Heidelberg, Freiburg im Breisgau oder Gelnhausen durch rötlichen Buntsandstein geprägt, während in Nürnberg die braunen Keuper-Sandsteine vorherrschen. In Hannover stehen mehrere Gebäude aus gelblich-grauen Sandsteinen der ältesten Kreide-Zeit (Neues Rathaus, Leineschloss, Hauptgebäude der Universität u.a.). Diese Sandsteine, die früher in die ganze Welt exportiert wurden, werden vielfach als „Obernkirchener Sandstein" zusammengefasst; sie sind im Gebiet der Bückeberge (Abbau noch heute), des Deisters, der Rehburger Berge und des Osterwalds heimisch. Gebäude-Fassaden aus den letzten Jahrzehnten zeigen ein wesentlich bunteres geologisches Bild, weil die verschiedenartigsten Importgesteine verwendet wurden und auch noch werden.

9.3 Gesteine für den Straßen- und Wasserbau und als Zuschlag

9.3.1 Pflaster- und Bausteine

Pflastersteine sind vor allem noch als Zierpflaster gefragt. Für ihre Herstellung eignen sich Gesteine, die gleichkörnig, aber nicht zu feinkörnig ausgebildet sind. Sehr feinkörnige Gesteine (von Gesteinskundlern oft als „dicht" bezeichnet) bekommen bei Verkehrsbeanspruchung leicht eine glatte, polierte Oberfläche. Das früher sehr gefürchtete Pflaster aus Basalt (früher oft „Blaubasalt" genannt) ist hierfür ein extremes Beispiel.

Bei vielen Basalten besteht das Problem der sog. *Sonnenbrenner.* Derartige Gesteine neigen dazu, nach wenigen Monaten bis Jahren teilweise oder ganz zu zerfallen. Es handelt sich um eine komplizierte Reaktion im Gestein, in deren Verlauf Gesteinsglas und das (nicht sehr häufige) Mineral Nephelin in andere Minerale umgewandelt werden, wodurch das Gefüge der Basaltgesteine verändert bzw. aufgelockert wird. Auslösend ist das Vorhandensein von Wasser bzw. Feuchtigkeit, nicht die Sonne. Potenzielle Sonnenbrenner-Basalte kann man daran erkennen, dass sie bei Anwitterung einzelne helle Punkte/Flecken, eine Vorstufe des späteren Zerfalls, zeigen. Falls solche Flecken an herumliegenden Basaltbrocken nicht zu sehen sind, trotzdem aber der Verdacht auf Sonnenbrenner bzw. Sonnenbrand besteht, kann man als Test einige Basaltbrocken wenige Stunden in Wasser kochen: Einwandfreies Basalt-Gestein verändert sich dabei nicht, während an Sonnenbrenner-Basalten erste schwache Flecken erkennbar werden. Früher, als aus Basalt viele Pflastersteine hergestellt wurden, war die rechtzeitige Erkennung von Sonnenbrenner-Basalten unbedingt erforderlich, aber auch heute, wo Basalte überwiegend zu Schotter und Splitt verarbeitet werden, müssen starke Sonnenbrenner nach wie vor ausgeschieden werden. Dabei ist zu bedenken, dass es bestimmte Gebiete gibt, in denen nahezu alle Basaltgesteine Sonnenbrenner und damit für den Straßenbau meist unbrauchbar sind (z.B. im westlichen Polen), dass aber Basaltgesteine auch in ehemaligen Strömen mit Dicken von einem oder mehreren Metern vorkommen, bei denen das Material aus dem einem Strom unbrauchbar sein kann, das aus dem anderen dagegen nicht.

Bei Pflastersteinen aus Granit können manchmal sog. *„Wassersöffer"* auftreten, die ebenfalls zu Verwitterung und Zerfall neigen und deswegen im Außenbereich nicht verwendet werden sollten. Es handelt sich um tektonisch gepresste Gesteine, in denen vor allem die Feldspat-Minerale feine, mit bloßem Auge nicht zu erkennende Haarrisse aufweisen. In diese dringt Wasser ein und ruft Verwitterungs- und Frostschäden hervor.

Gebrochene Natursteine werden heute vielfach in Form von würfel- bis quaderförmigen *Blockpackungen (Gabionen)* verwendet, in denen die Bruchsteine mit Maschendraht umhüllt sind. Derartige Blockpackungen werden z.B. bei Einschnitten im Straßenbau oder als Uferbefestigung verwendet. Im Wasserbau spielen auch Basaltsäulen nach wie vor eine Rolle, sei es an Uferwänden/-mauern oder in Sockeln von Deichen aufgeschichtet oder eingemauert. Hierbei nutzt man die extrem hohe Verschleißfestigkeit von Basaltgesteinen aus.

Als Bruch- und Blocksteine eignen sich viele magmatische Gesteine (besonders Granite, Basalte, Diabase). Von den Sedimentgesteinen kommen hierfür einige Grauwacken, Sandsteine und auch Kalksteine in Frage (z.B. in Niedersachsen der sog. „Korallenoolith" aus der oberen Jura-Zeit, der vor allem in Wesergebirge und im Süntel abgebaut wird).

9.3.2 Schotter und Splitt als Straßenbau- und Betonzuschlagmaterial

Für die Verarbeitung zu Schotter und Splitt werden Gesteine verwendet, die eine hohe Festigkeit und Verwitterungsbeständigkeit aufweisen, nicht plattig brechen (wie es gut geschichtete und dünnbankige oder geschieferte Gesteine tun) und raue Bruchflächen besitzen (damit eine einwandfreie Haftung mit Zement oder Bitumina erfolgt). Die Festigkeit der Natursteine wird vor allem durch den Schlagversuch an Schottern und Splitt (DIN 52115; Prüfung von Gesteinskörnungen, Schlagversuch) überprüft. Daneben können zusätzlich die Wasseraufnahme (DIN 52103; Prüfung von Naturstein, Wasser-aufnahme) und die Frostbeständigkeit (DIN 52106; Prüfung von Naturstein, Beurteilungsgrundlagen für die Verwitterungsbeständigkeit) untersucht werden. Eine Zusammenfassung der Güteanforderungen an Naturstein-Material ist auch in der mehrteiligen DIN 4226 (Gesteinskörnungen bzw. Zuschläge für Beton und Mörtel) enthalten, ebenso wie in dem Merkblatt über die Verwendung und Prüfung von Natursteinen im Straßenbau, herausgegeben von der Forschungsgesellschaft für das Straßenwesen (Köln).

Bei einer Abwendung der genannten Prüfverfahren kann es immer wieder vorkommen, dass bestimmte Gesteine sich in der Praxis bewährt haben oder bewähren, obwohl sie teilweise ungünstige Prüfwerte aufweisen. Auf der anderen Seite ist es auch möglich, dass Gesteine mit günstigen Prüfwerten sich tatsächlich als weniger geeignet erweisen. Derartige Erfahrungen sind in der Geologie oder der Gesteinskunde nicht neu, weil bekannt ist, wie unterschiedlich Mineralbestand und Gefügeausbildung selbst bei Gesteinen auftreten können, die der gleichen Gruppe angehören. Die komplizierten Beziehungen zwischen Gesteinsausbildung einerseits und technischem Verhalten andererseits machen Angaben über die Eigenschaften ganzer Gesteinsgruppen, wie sie im Bauingenieurwesen gelegentlich gemacht werden, sehr problematisch: Es gibt z.B. „den Granit" oder „den Kalkstein" nicht, sondern viele Arte von Granit bzw. von Kalkstein. Unerlässlich bei jeder Prüfung von Natursteinen ist eine gesteinskundlich-petrographische Untersuchung mit dem Polarisationsmikroskop, die wichtige Ergänzungen zu den übrigen technologischen Überprüfungen erbringt und vielfach die Voraussagen über Eigenschaften und mögliches Verhalten der Gesteine wesentlich ergänzen kann.

Zur Herstellung von Schotter und Splitt werden in Deutschland die verschiedenen Gesteine abgebaut, teilweise mit regionalen Schwerpunkten, z.B. Granite im Schwarzwald, andesitische Vulkanite im Saar-Nahe-Gebiet, Basalte im Vogelsberg, in der Rhön und im Westerwald, Basaltschlacken in der Eifel, Diabase im Sauerland und im Lahn-Dill-Gebiet, Diorite und Granite in der Lausitz, Porphyre im Odenwald und im Flechtinger Höhenzug sowie Kalk- und Sandsteine in mehreren regionalen Bereichen Deutschlands. Weil in zukünftigen Jahren die Reserven an hochwertigen Kiesen immer knapper werden, wird der Anteil von gebrochenen Natursteinen deutlich ansteigen.

9.3.3 *Kies und Sand*

Während Sande in Deutschland in verschiedenen Bereichen in großen Mengen zur Verfügung stehen, sind die Vorkommen von hochwertigen Kiesen nur noch begrenzt vorhanden. Bei Flusskiesen wird ihre Zusammensetzung deutlich durch die Gesteine beeinflusst, die im Einzugsgebiet der Flüsse vorhanden sind: Kies aus der Weser hat z.B. wegen der vielen Buntsandstein-Gerölle eine rötliche Farbe, Kies der Leine ist durch Gerölle von Kalksteinen eher weiß bis hell gefärbt. Einen traditionell guten Namen haben Kiese des Rheins, die in der Regel recht „bunt" zusammengesetzt sind, aber durchweg verwitterungsfeste und isometrisch-kubisch geformte Gesteinsgerölle enthalten.

Eine gesuchte Sonderform der Kiese sind die *Quarzkiese*, die als Gerölle vorwiegend Quarzkörner und daneben einige kieselige Gesteine enthalten. Sie kommen vor allem in der Umgebung von Köln/Bonn vor; ihre Bildung erfolgte bereits in der jüngeren Tertiär-Zeit infolge einer intensiven Verwitterung bei einem tropischen Klima, durch die alle Gesteine außer den widerstandfähigen Quarz-Körnern (zumeist sog. Gangquarze) und kieseligen Gesteinen zerstört wurden. Quarzkiese werden wegen ihrer hellen Farbe gerne zur Herstellung von Waschbeton-Platten, die an Außenfassaden angebracht werden, verwendet.

Einige Kiese enthalten Gesteinsgerölle oder Mineralkomponenten, die betonschädliche oder andere ungünstige Eigenschaften besitzen, wodurch ein weiterer Abbau stark oder ganz eingeschränkt werden kann. Hierzu gehören:

- Einzelminerale, Konkretionen oder Gesteinsgerölle aus Schwefeleisen (FeS_2 in Form der Minerale Pyrit oder Markasit); z.B. in einigen Quarzkies-Vorkommen in der Umgebung von Köln möglich, seltener auch in Kiesen der Leine oder anderer Flüsse. Schwefeleisen kann sich bei Anwesenheit von Wasser relativ schnell, d.h. innerhalb von Monaten/Jahren, zersetzen; es entstehen hässliche Rostflecken und -abläufe, in Bitumendecken sind auch kleinere Zerstörungen und Krater-artige Löcher möglich. Schwefeleisen ist zwar mit einfachen chemischen Überprüfungen (z.B. Erhitzen in Wasserstoffperoxid) im Laborversuch leicht nachzuweisen, ein derartiges Verfahren ist aber nicht beim Abbau eines Massenguts wie Kies, in dem nur wenige bzw. einzelne Minerale/Körner unter Hunderten oder Tausenden ungeeignet sind, anwendbar. Braune Konkretionen oder Krusten/Schwarten aus Eisenoxiden bzw. -hydroxiden, die innerhalb von Kiesen vorkommen können, sind in der Regel unbedenklich, weil sie bei der Verwendung zwar möglicherweise zerfallen oder auch geringfügige Verfärbungen verursachen, aber sich chemisch nicht weiter umwandeln können.

- Gerölle, die Opal (amorph erscheinende, wasserhaltige Silika = SiO_2) enthalten. Zu solchen Gesteinen gehören die selten in Ostholstein in Kiesgruben auftretenden sog. „Opalsandsteine" (richtig bezeichnet sind es sandige Mergelsteine, in denen reichlich aus Opal bestehende Nadeln von Kieselschwämmen vorkommen), einzelne Varietäten von vor allem in Skandinavien verbreiteten Feuersteinen sowie bestimmte kieselige Kalksteine in Nordamerika. Opal ruft in Betonbauten im Außenbereich, d.h. beim Vorhandensein von Luftfeuchtigkeit/Wasser das sog. *Alkalitreiben* hervor, das infolge einer komplizierten Mineralumwandlung mit Volumenvergrößerung zu Rissen und Zerstörungen des Bauwerks führen kann. Um das zu vermeiden, sollten Betonzuschläge nicht nur frei von den genannten Gesteinen sein, sondern auch mit Zement gearbeitet werden, dessen Gehalt an Alkalien die zulässige Höhe nicht überschreitet.

10 Rohstoffe für die Baustoff- und Keramikindustrie

Der im Bauwesen wichtige *Baukalk* (auch Ätz-, Weiß- oder Branntkalk genannt) wird durch Brennen bei ca. 1200–1300 °C aus Kalksteinen, seltener auch aus Dolomitsteinen hergestellt. Dabei findet folgende chemische Reaktion statt:

$$CaCO_3 \rightarrow CaO + CO_2 .$$

Durch Zugabe von Wasser („Löschen") entsteht dann „gelöschter Kalk", ein Kalkhydrat:

$$CaO + H_2O = Ca(OH)_2 .$$

Gelöschter Kalk kann wieder in Kalkstein übergehen. Diese Reaktion führt z.B. zur Verfestigung von Kalkmörtel:

$$Ca(OH)_2 + CO_2 = CaCO_3 + H_2O .$$

Das für die Aushärtung erforderliche CO_2 stammt aus der Luft. In früheren Jahren, als die Verwendung von Kalkmörtel im Bauwesen sehr verbreitet war, hat man zur Beschleunigung des Aushärtungsprozesses in Neubauten Kohleöfen betrieben, die zugleich CO_2 produziert und die entstehende Feuchtigkeit abgetrocknet haben.

Für die Herstellung von Baukalk sind nur Kalksteine mit Gehalten von mehr als 90 % $CaCO_3$ geeignet, sonstige

Komponenten (Silika, Tonminerale, Eisenoxide) dürfen in ihnen nur in geringen Mengen vorkommen. In Deutschland werden dazu Kalksteine aus verschiedenen geologischen Zeitabschnitten abgebaut, besonders die sog. Massenkalke aus dem Devon des Rheinischen Schiefergebirges. Die dort vorhandenen Reserven reichen nur noch für einige Jahrzehnte.

Zemente werden hergestellt aus Mergeln, Mergelsteinen oder tonigen Kalksteinen, denen teilweise noch zusätzlich Ton zugemischt wird. Bei Brenntemperaturen von ca. 1400 °C entstehen sog. Zementklinker, die anschließend zermahlen werden. Als Abbindeverzögerer wird Zementen allgemein Gips oder auch Anhydrit zugefügt, bei speziellen Zementsorten werden andere Zusätze beigemischt (z. B. beim Eisenportlandzement gemahlene Hochofenschlacke).

Für die Herstellung von *Ziegeln* und *grobkeramischen Erzeugnissen* (z. B. Steinzeug-Rohre) werden Lehme und Tone verwendet, wobei es sich bei Ziegeln teilweise auch um tonige Verwitterungsprodukte von Festgesteinen (z. B. völlig verwitterte/zersetzte Tonsteine oder Tonschiefer) handelt. Die Rohstoffe dürfen nicht zu „fett" (zu viel Ton) und nicht zu „mager" (zu viel Sand) sein, d. h. die Sandgehalte müssen zwischen 40 und 80 Gew.-% liegen. Ein guter Ziegelton hat etwa folgende chemische Zusammensetzung (nur Hauptbestandteile):

60 – 70 % SiO_2
15 – 20% Al_2O_3
5 Fe_2O_3 .

Entspricht der Rohton nicht diesen Werten, können entsprechende Zumischungen vorgenommen werden.

Als schädliche Beimengungen in Ziegeltonen sind alle schwefelhaltigen Minerale (Kristalle und Konkretionen von Schwefeleisen und/oder Gips) anzusehen, weil sie beim Brennen der Ziegel zu Verfärbungen und Auftreibungen führen. Auch stückige Beimengungen von Kalksteinen (z.B. dünne bankige Zwischenlagen oder knollige Konkretionen wie Lösskindel) müssen bei Ziegeleitonen beachtet werden: Beim Brennen der Ziegel werden sie in Branntkalk (CaO) umgewandelt, der dann mit der Luftfeuchtigkeit reagiert und unter Volumenvergrößerung in gelöschten Kalk [$Ca(OH)_2$] übergeht. Dadurch können Ziegel zersprengt werden. Die kleinen weißen Kalkkörner in Ziegeln, von denen die Sprengrisse ausgehen können, werden oft als „Kalkmännchen" bezeichnet. Probleme mit kalkigen Beimengungen in Ziegeltonen sind meist dadurch zu vermeiden, dass der Ton vor dem Brennen gemahlen wird, weil feinverteiltes $CaCO_3$ in Gehalten bis zu etwa 40% unschädlich ist.

Rohstoffe für die Erzeugung von Ziegel- und Steinzeugprodukten kommen in Deutschland an vielen Stellen vor. Beim Abbau ist allerdings einige Umsicht erforderlich, weil z.B. Tonsteine aus der Keuper-Zeit oft Gipsbeimengungen enthalten oder in Löss bzw. Lösslehm aus der Quartär-Zeit häufig kalkige Lösskindel vorkommen. Einige Tone sind zur Herstellung von Blähtonen geeignet: Durch Brennen von Tonkügelchen werden poröse, aber feste Kugeln erzeugt, die z.B. von der Hydrokultur bekannt sind und im Bauwesen zur Herstellung von Leichtbetonsteinen und -fertigteilen verwendet werden, die im englischsprachigen Raum meist als Leca-Steine („light expanded clay aggregat") bezeichnet werden. Sie zeichnen sich durch eine hohe Festigkeit und Wärmedämmung bei nur geringem Gewicht aus.

Für die Erzeugung von Erzeugnissen aus *Steingut* und *Porzellan* (z. B. Wandfliesen) benötigt man reine Tone, die überwiegend aus Kaolinit (vgl. Abschn. 4.4.3) bestehen. Die in Deutschland vorhandenen Mengen und Qualitäten von Kaolinit-Tonen (Vorkommen hauptsächlich in Nordost-Bayern) reichen nur teilweise für den heimischen Bedarf aus, sodass besonders für die Anfertigung von hochwertigen Porzellanen und vielfältigen keramischen Artikeln (z. B. in der Verbrennungstechnik, als Teile von Dichtungen oder als Prothesen) die Kaolinit-Tone ebenso wie die Produkte selbst (z. B. Wand- und Bodenfliesen aus Italien oder Spanien) eingeführt werden müssen.

Als *feuerfestes Material* werden zahlreiche Produkte verwendet, die aus unterschiedlichen Gesteinen oder Mineralen gewonnen bzw. gebrannt werden. Als Beispiele sollen Sinterdolomit (Herstellung aus Dolomitsteinen), Silikasteine (Herstellung aus Quarziten) und Zirkonstein (Herstellung aus Konzentraten des Minerals Zirkon ($ZrSiO_4$) genannt werden.

11 Hydrogeologie

Die Hydrogeologie ist als Bindeglied anzusehen zwischen der Geologie und der Hydrologie, die ein Teilfach des Bauingenieurwesens bildet. Für viele Vorhaben des Bauwesens ist vor allem das Grundwasser wichtig, weil dieses nicht nur auf Bauwerke einwirkt, sondern auch Baumaßnahmen erschweren bzw. beinträchtigen und außerdem durch diese Maßnahmen selbst beeinflusst werden kann.

11.1 Kreislauf des Wassers

Das Grundwasser wird stark vom sog. Kreislauf des Wassers beeinflusst. Diese Bezeichnung verwendet man für das fortwährende Zusammenspiel von Niederschlägen, Verdunstung und Abfluss. Während die Niederschläge sehr gut zu messen sind und auch der Abfluss relativ genau ermittelt werden kann, muss die Höhe der Verdunstung in der Regel mit Näherungsformeln festgelegt werden. Die Niederschläge pro Jahr betragen in Deutschland im Mittel etwa 500–700 mm, das entspricht der gleichen Zahl von Litern pro m^2. Im Vergleich dazu liegen die Jahresniederschläge in Wüstengebieten teilweise

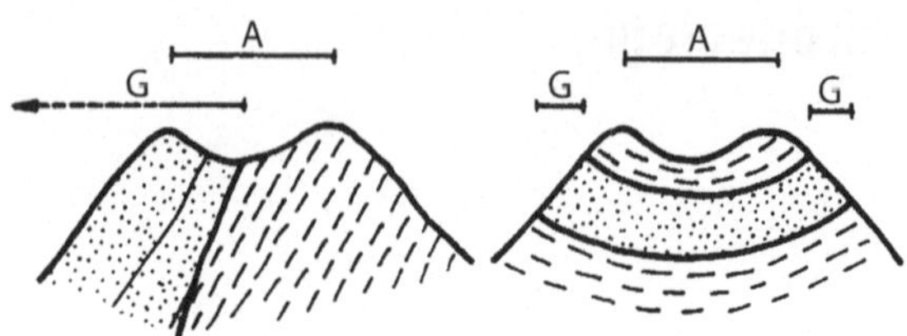

Abb. 11.1. Unterschiedliche Einzugsgebiete, dargestellt in geologischen Profilschnitten. *A* = Einzugsgebiet der oberflächlich abfließenden Wässer, *G* = Einzugsgebiet der Grundwässer. *Gestrichelt*: wasserundurchlässige Gesteine, *punktiert*: wasserdurchlässige Gesteine

(fast) bei Null und erreichen in regenreichen Gebieten, z.B. in Teilen des Himalajas, örtlich bis 12000 mm und mehr. Die höchsten Niederschlagswerte in Deutschland gibt es am Nordrand der Alpen und im Oberrhein-Gebiet; insgesamt ist die Verteilung der Niederschläge aber regional und auch jahreszeitlich als recht gleichmäßig anzusehen. Nach langfristigen Wetterbeobachtungen sollen der März im Mittel der trockenste und der Juli der regenreichste Monat sein.

Eine hydrogeologisch wichtige Größe ist das Einzugsgebiet. Hierbei muss man unterscheiden zwischen dem oberflächlichen (wirksam für den Abfluss) und dem unterirdischen (wirksam für das Grundwasser) Einzugsgebiet. Je nach Wasserdurchlässigkeit und Lagerungsverhältnissen der Gesteine im Untergrund können die genannten beiden Einzugsgebiete stark voneinander abweichen (Abb. 11.1). Wie viel Niederschlagswasser abfließt und wie viel versickert, hängt von mehreren Faktoren ab, z.B. Bodenart, Bewuchs, Gefälle und Art des

Regens (Starkregen begünstigen den Abfluss, leichte Dauerregen die Versickerung).

11.2 Grundwasser

11.2.1 Entstehung und Vorkommen des Grundwassers

Versickerndes Niederschlagswasser wird dem Grundwasser zugeführt. Mengenmäßig ist das oft weniger als rund ein Drittel der gesamten Niederschlagsmenge. Langjährige Beobachtungen im Rhein-Main-Gebiet haben z.B. gezeigt, dass in mit Mischwald bestandenen Sand- und Kiesflächen etwa 100–300 mm Grundwasser im Jahr neu gebildet werden.

Grundwasser befindet sich bzw. bewegt sich in sog. Grundwasserleitern, die auch als Grundwasserträger, -horizonte oder neuerdings meist als Aquifere (Einzahl: *Aquifer*) bezeichnet werden. Gesteine, die als Aquifer wirken können, sind porös und durchlässig (Porengrundwasser z.B. in Sanden, Kiesen oder Sandsteinen) oder stark zerklüftet (z.B. Kluftgrundwasser z.B. in Basalten) oder von zahlreichen, auch größeren Hohlräumen durchzogen (Karstgrundwasser in Karbonat- und Sulfatgesteinen). Undurchlässige Gesteine wie Tone, Tonsteine, Mergel, Salze oder unverwitterte, kaum zerklüftete Magmatite (z.B. manche Granite) wirken als Grundwasserstauer oder Aquicluden (Einzahl: *Aquiclude*). Gesteine mit nur geringer Permeabilität und entsprechend minimalem Durchfluss von Grundwässern werden Aquitarden (Einzahl: *Aquitarde*) genannt. Wenn im Untergrund wasserdurchlässige und wasserundurch-

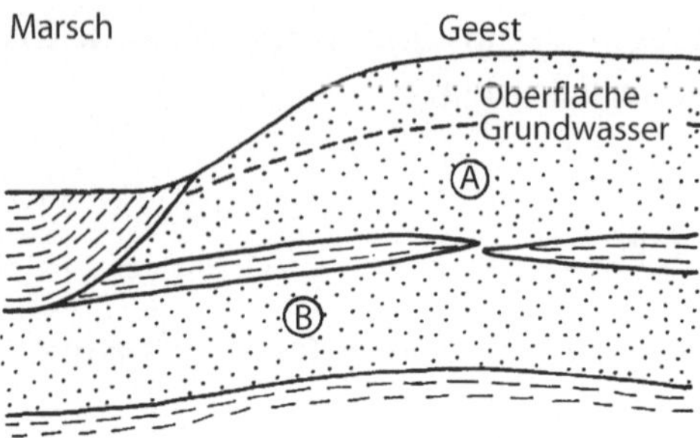

Abb. 11.2 a, b. Oberes (**A**) und unteres (**B**) Grundwasserstockwerk im nordwestdeutschen Tiefland im schematischen Profilschnitt. *Gestrichelt*: wasserundurchlässige Gesteine, *punktiert*: wasserdurchlässige Gesteine

lässige Gesteine mehrfach übereinander liegen, können sich mehrere Grundwasserstockwerke übereinander ausbilden (Abb. 11.2). Haben diese keine oder so gut wie keine Verbindung untereinander, werden sich oft die Grundwässer in ihren Merkmalen (chemische Zusammensetzung, Temperatur) durchaus voneinander unterscheiden.

In Bohrungen oder Baugruben stellt sich die Oberseite des (obersten) Grundwasserkörpers ein. Diese wird in ruhenden Brunnen in ihrer Höhe über NN eingemessen (Grundwasserpegel). Wenn die in einem Gebiet gewonnenen Pegelstände zu einem einheitlichen Grundwasserhorizont gehören, lässt sich damit erkennen, wie die Oberseite des Grundwasserkörpers an die Geländeformen angepasst ist: In Tälern biegt sie leicht nach unten, in Hügeln leicht nach oben. Gleiche Grundwasserstände können in Karten mit Linien, den sog. *Grundwas-*

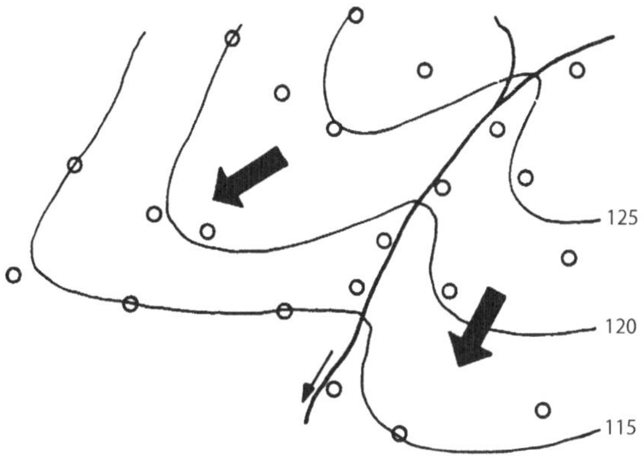

Abb. 11.3. Beispiel einer Grundwassergleichenkarte. *Kreise*: Brunnen mit Grundwassermessstellen, *dünner Pfeil* = Fließrichtung des Flusses, *dicke Pfeile* = Fließrichtung des Grundwassers, *Zahlen* = Grundwasserhöhen in Metern ü. NN

sergleichen, verbunden werden. Diese zeigen das Gefälle der Grundwasseroberseite und damit die Fließrichtung des Grundwassers an (Abb. 11.3). Wenig beachtet wird manchmal die Tatsache, dass in tieferen Lagen der Erdkruste der Porenraum und die Zerklüftung in den Gesteinen und damit die Möglichkeit, dass Grundwasser vorhanden sein kann, deutlich zurückgeht. Insofern gibt es immer auch eine Untergrenze von Grundwasserkörpern. Für Porengrundwässer liegt diese oft schon bei Tiefen von etwa 40 – 100 m, bei Kluftgrundwässern vielfach bei einigen hundert Metern, wenn hierbei auch viele Ausnahmen angetroffen werden.

Die Fließgeschwindigkeit von Grundwässern ist – außer in Karstgesteinen – relativ gering. Viele Messungen, die nach Zugabe von Farbstoffen, Isotopen oder anderen Markierungen (Tracern) in Grundwässer durchgeführt wurden, haben Größenordnungen von einigen Zentimetern pro Tag (etwa in Sandsteinen) oder mehreren Metern bis Dekametern pro Tag (etwa in Kiesen) ergeben. Man muss immer bedenken, dass Grundwasser sich in den Gesteinen des Untergrundes in der Regel nicht in Röhren, Kanälen oder anderen größeren Hohlräumen bewegen kann, sondern nur in kleinen Poren zwischen den Mineralkörnern oder in schmalen Klüften oder Spalten. Die sehr verbreiteten Vorstellungen von vermeintlichen Grundwasseradern, -strömen oder auch -seen entsprechen deswegen nur bei Karstgesteinen der Wirklichkeit.

Grundwasserkörper und offene Gewässer stehen in Beziehung zueinander. Das gilt für Flüsse und künstliche Seen, z. B. Baggerseen, weniger für natürliche Seen, weil sich in diesen im Laufe der letzten Jahrhunderte oder Jahrtausende meist am Boden eine abdichtende Schicht aus Mergeln oder Tonen gebildet hat. Ist der Flusswasserstand höher als der des Grundwassers (bei Hochwässern oder nach Anlage von Staustufen), geht vom Fluss auch Wasser in den Grundwasserkörper über (Uferfiltration); ist der Flusswasserstand niedriger als der des benachbarten Grundwassers, wird Grundwasser an den Fluss abgegeben. Bei Hochwässern und Überschwemmungen ist die Aufnahmekapazität von Grundwasserkörpern regional sehr unterschiedlich. Wenn in bestimmten Gebieten Flusshochwässer nur sehr zögerlich im Untergrund verschwinden, liegt das oft nicht nur daran, dass dieser vom Menschen zugebaut bzw. weitgehend versiegelt wurde, sondern daran, dass der Untergrund vorwiegend aus Tonschiefern oder anderen wasserundurchlässigen Gesteinen besteht. Durch stärker verschmutzte Flüsse kann infolge von Uferfiltration die Qualität des Grundwassers in deren Umgebung mindestens örtlich stark beeinträchtigt werden.

Die Höhe der Grundwasserstände ist in erster Linie von den Niederschlägen abhängig. Nicht alle Schäden in der Land- und Forstwirtschaft, die auf sinkende Grundwasserstände zurückgeführt werden, hängen mit einer Entnahme von Grundwasser zusammen, sondern sind teilweise auch durch schwankende Niederschlagsmengen bedingt. Langfristige Wetterbeobachtungen zeigen, dass in vielen Bereichen Deutschlands nicht selten mehrjährige Niederschlagsdefizite aufgetreten sind.

11.2.2 Beschaffenheit des Grundwassers

Die Beschaffenheit des Grundwassers ist von der Zusammensetzung der Schichten abhängig, in denen es fließt. Ein wesentliches chemisches Merkmal ist die Härte des Wassers, die gelegentlich mit dem pH-Wert (Säurewert) verwechselt oder in Zusammenhang gebracht wird, obwohl zu diesem meist keine Beziehungen bestehen. Man unterscheidet zwischen der Gesamthärte (Gehalt an allen im Wasser gelösten Ca- und Mg-Verbindungen), der Karbonathärte (Gehalt an Karbonaten und Hydrogenkarbonaten von Ca und Mg) und der bleibenden Härte, womit die Teile der Gesamthärte bezeichnet werden, die nach einem Kochen von Wasser und dem damit verbundenen Verschwinden der Karbonathärte (infolge Ausfällung von Ca-Karbonat = Kesselstein) übrig bleibt.

Es handelt sich dabei vor allem um Sulfate (z. B. Gips). Die Härte des Wassers wird in Deutschen Härtegraden (°dH) angegeben. Üblicherweise unterscheidet man folgende 4 Härtebereiche (bezogen auf Deutsche Härtegrade der Gesamthärte):

- Bereich 1 (>7),
- Bereich 2 (7–14),
- Bereich 3 (14–21) und
- Bereich 4 (>21).

In anderen Ländern gibt es andere Definitionen der Wasserhärte und andere Härtegrade.

Hartes Wasser hat gegenüber weichem, das oft als fad empfunden wird, einen besseren Geschmack. Sehr hartes Wasser mit einem Härtebereich von 3 oder mehr ist wegen seiner Neigung zur Bildung von Kesselstein für viele Verwendungszwecke, z. B. Heißwasser- oder Kesselanlagen, schlecht geeignet. Hartes Grundwasser kommt in Deutschland in Kalkgebieten (z. B. in der Schwäbischen oder Fränkischen Alb), aber häufiger auch im norddeutschen Tiefland vor, weil hier im Untergrund Geschiebemergel oder kalkhaltige Kiese verbreitet sind. In der Umgebung vieler Salzstöcke (vgl. Abschn. 7.5) sind die Grundwässer teils versalzen, weil sie aus diesen Chloride aufgenommen haben, teils weisen sie eine große Bleibende Härte auf, die auf Sulfate aus dem Hutbereich des Salzstocks zurückgeht. Grundwässer in tieferen Stockwerken sind häufig versalzen (z. B. im Ruhrgebiet), wobei die Ursache dafür nicht immer zu erklären ist, weil die begleitenden Gesteine oft gar keine Salze enthalten.

Eine andere Form der Versalzung von Grundwasser ist im Küstenbereich der Nordsee vorhanden. Salzreiches

Wasser hat eine höhere Dichte als Süßwasser, wo beide Wasserarten zusammentreffen, kommt es deswegen zu einer Unterschichtung des normalen, „süßen" Grundwassers durch Salzwasser. Wenn also aus oberflächennahen Schichten Grundwasser zu stark abgepumpt wird (zur Trinkwasser-Gewinnung oder Trockenlegung von feuchten Flächen), strömt salzreiches Wasser aus dem Nordsee-Bereich nach und kann nicht mehr zurückgedrängt werden. Als Folge sind z.B. auf den überwiegend aus sandigen Lockersedimenten bestehenden Nordseeinseln die nahe der Oberfläche liegenden Grundwasserlinsen schon teilweise deutlich verkleinert bzw. irreversibel geschädigt worden.

Zu den unerwünschten Substanzen, die in Grundwässern gelöst sein können, gehören Eisen-Hydrogenkarbonate (gehen beim Kontakt mit Luftsauerstoff in Eisenhydroxide über, die als Eisenocker ausfallen und Brunnenfilter und Pumpen verstopfen können) und Huminstoffe, die oft zusammen mit Schwefelwasserstoff (H_2S, kann durch Oxidation von FeS_2 entstehen) auftreten, sodass das Wasser bräunlich gefärbt ist und stinkt.

Wenn mehr als 1 g Mineralstoffe pro Liter im Grundwasser gelöst sind, wird es als Heilwasser bezeichnet. Der Begriff „Mineralwasser" darf nach EG-Richtlinien für Wässer verwendet werden, in denen auch weniger Mineralstoffe bzw. Kombinationen von ihnen vorhanden sind. Mineralwässer sind deshalb in ihrer Zusammensetzung sehr verschieden, in manchen sind bestimmte Mineralstoffe in Konzentrationen vorhanden, die bei einer Verwendung als Trinkwasser, also bei dauerndem Gebrauch, nicht zulässig wären. Das in Mineral- und Heilwässern oft vorhandene Kohlendioxid, meist einfach als „Kohlensäure“ bezeichnet, stammt – soweit es nicht zugesetzt wurde – aus im Untergrund vorhandenen Vulkanherden in der näheren oder weiteren Umgebung. Bei Baumaßnahmen in solchen Gebieten ist zu bedenken, dass nicht selten Grundwässer einen erhöhten CO_2-Gehalt und damit eine leicht saure Reaktion aufweisen können, die möglicherweise zu Schäden an Betonbauten führen kann. Dieses gilt besonders dann, wenn das betreffende Grundwasser am Bauwerk vorbeiströmt und sich damit die Beeinträchtigung dauernd wiederholt. Die DIN 4030 (Beurteilung betonangreifender Wässer, Böden und Gase) enthält Richtlinien für die Untersuchung von betonschädlichen Grundwässern und Untergrundgesteinen.

Die Temperatur von Grundwässern wird in oberen 10–15 m unter Geländeoberfläche von den Schwankungen der Außentemperaturen beeinflusst. In Tiefenbereichen von etwa 15–30 m weisen die Grundwässer etwa die Jahresmitteltemperatur (in Deutschland etwa 7–10 °C) auf, darunter erfolgt – wenn auch mit vielen Ausnahmen – eine Erwärmung entsprechend der jeweils vorhandenen geothermischen Tiefenstufe (vgl. Abschn. 8.2). In Tiefen von etwa 3000–5000 m haben Wässer dementsprechend Temperaturen von oft mehr als 100–150 °C, wobei sie wegen des in diesen Tiefen vorhandenen hohen Drucks aber nicht kochen. Grubenwässer im Ruhrgebiet trifft man in Abbautiefen von 500–1000 m teilweise schon mit Temperaturen von über 50 °C an. In der Nähe von aktiven oder aktiv gewesenen Vulkanen treten vielfach heiße Grundwässer auf, die zur Beheizung und Energieerzeugung verwendet werden können (z. B. Island, Toskana/Italien oder Neuseeland). Wenn Grundwässer aus Quellen ausfließen und genutzt werden sollen, geben Temperaturmessungen erste Anhaltspunkte über die Tiefenlage des Aquifers und die Verweildauer des Wassers in ihm.

Sobald Grundwasser durch Sande und Kiese strömt, erfolgt eine Reinigung bzw. Filtration. Schwebstoffe, Verunreinigungen und auch Bakterien werden zurückgehalten, Viren in der Regel nicht. Sehr schlecht ist die Filterwirkung von verkarsteten Karbonat- und Sulfatgesteinen infolge der vielen großen und kleinen Hohlräume in ihnen und der hohen Fließgeschwindigkeit der Grundwässer. Brunnen in Karstgebieten sind deswegen hygienisch oft bedenklich. Es ist kein Zufall, dass es sich in den meisten Fällen, in denen es vor allem in früheren Jahren zu Erkrankungen durch bakteriell verseuchtes Trinkwasser gekommen ist, um Karstgrundwasser gehandelt hat.

Die Filterwirkung von Sanden und Kiesen kann man sich zunutze machen, um Grundwasser künstlich anzureichern. Hierfür wird in Gebieten mit einem Sand-/Kies-Untergrund das Flusswasser in flache Becken (Größe etwa 10 × 20 m) eingeleitet, in denen es versickert. Dabei wird es gereinigt und dem Grundwasser zugeführt. Nach einem relativ kurzen Wanderweg von etwa 50 – 100 m kann dieses in Brunnen gefördert und als Trinkwasser verwendet werden (Abb. 11.4). Solche Anreicherungs-Anlagen gibt es z. B. seit längerem im Tal der Ruhr. Flusswässer, die in dieser Weise aufbereitet werden sollen, sollten möglichst frei vor irgendwelchen Abwässern sein. Die Absetzbecken müssen gelegentlich von tonigem Schlamm, der sich abgelagert hat, gereinigt werden.

Für Laien zunächst überraschend klingt die Aussage, dass Grundwässer als „flüssige Sedimente“ verstanden

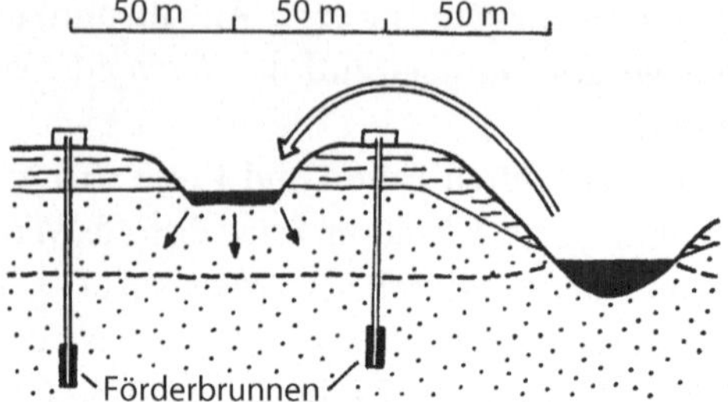

Abb. 11.4. Grundwasseranreicherung durch Versickernlassen von Wasser aus einem benachbarten Fluss (*rechts*) in Absetzbecken. Überhöhtes Schemaprofil. *Gestrichelt* = wasserundurchlässiger Auenlehm, *punktiert* = wasserdurchlässige Sande und Kiese

werden können und wie diese ein Alter besitzen. Dieses kann durch radiometrische Untersuchung der im Wasser enthaltenen Karbonate ermittelt werden, bei denen der Gehalt an ^{14}C-Isotopen festgestellt wird (*Radiokarbon-Methode*). Bei sehr jungen Wässern, d.h. solchen mit einem Alter von einigen Jahrzehnten, wird in ähnlicher Weise der Gehalt an Tritium (3-wertiger Wasserstoff) ermittelt. Aufgrund derartiger Untersuchungen kennt man Grundwässer mit sehr verschiedenen Altern, etwa solche, die mehr als 20000 Jahre alt sind und aus dem Pleistozän stammen (z.B. einige tiefe Grundwässer, die aus den Braunkohlengruben westlich von Köln gepumpt werden, oder Grundwässer, die örtlich in der Sahara gefördert werden), daneben solche, die nur wenige Wochen, Monate oder Jahre alt sind (z.B. in Brunnen geförderte Grundwässer in der Gegend von Alfeld/Leine im südlichen Niedersachsen, die zwischen 10 und 30 Jahre alt sind).

Das Alter von Grundwässern bzw. ihre daraus abzuleitende Verweildauer macht z.B. deutlich, ob sich in untersuchten Bereichen vorkommende Trockenperioden bald anschließend oder erst mit längeren Verzögerungen an Grundwasserständen oder Quellschüttungen bemerkbar machen werden. Altersbestimmungen an Grundwässern sind deswegen wichtig für die Beurteilung von Erneuerungsraten bzw. für die Erstellung von Wasserbilanzen, die immer dann aufgestellt werden müssen, wenn Grundwasser in größeren Mengen entnommen wird oder werden soll (als Trinkwasser, für Bewässerungszwecke oder zur Entwässerung/Trockenlegung von tiefen Tagebauen). Viele der oben genannten „alten" Sahara-Grundwässer erneuern sich z.B. nicht und stehen damit genauso wie eine Erz- oder Kohlenlagerstätte nur für eine begrenzte Zeit zur Verfügung.

Noch nicht sehr alt ist die Kenntnis, dass Grundwässer nicht steril sind, sondern sich in der kühlen und lichtlosen Umgebung eines Aquifers in vielen Metern Tiefe sehr wohl Organismen aufhalten. Es sind dieses meist sehr kleine (mm-Bereich) farblose Formen aus den Gruppen der Würmer, Krebse usw., die alle durch extrem verlangsamte Lebensvorgänge gekennzeichnet sind. Offenbar haben sie für das Offenhalten der Poren in den Aquiferen, wodurch das Fließen der Grundwässer ermöglicht wird, eine sehr große ökologische Bedeutung.

11.3 Quellen

Quellen sind Austrittsstellen des Grundwassers an der Erdoberfläche. Aufgrund der jeweiligem geologischen Verhältnisse lassen sich folgende Haupttypen von Quellen unterscheiden (Abb. 11.5):

- *Schichtquellen*. Es handelt sich um Anschnitte eines oder auch mehrerer Aquifere durch ein Tal. Die Wasseraustritte erfolgen über wasserundurchlässige Schichten. Wenn zwei oder mehr Schichtquellen nebeneinander an einem Talhang auftreten, lässt sich aus ihrer Lage der Verlauf des wasserstauenden Horizonts erkennen. In der Fließrichtung des Grundwassers liegende Schichtquellen sind üblicherweise als Dauerquellen vorhanden; solche, die nur bei hohem Grundwasserstand Wasser abgeben, werden auch als Hungerquellen bezeichnet.
- *Verwerfungsquellen* (Stauquellen). Diese sind dort ausgebildet, wo das fließende Grundwasser durch eine Verwerfungslinie gezwungen wird, an der Oberfläche auszutreten. Entweder wird dieser Vorgang durch wasserstauende Gesteinsschichten bewirkt, die infolge einer Verschiebung an einer Verwerfung neben dem Aquifer zu liegen gekommen sind, oder es erfolgt der Wasserstau allein durch eine verlehmte Zone, die in vielen Verwerfungen vorhanden ist.
- *Schuttquellen*. Hierbei handelt es sich nicht um einen Quelltyp, der durch besondere geologische Verhältnisse bedingt ist, sondern um den Austritt von Quellwasser im unterschiedlich ausgebildeten Schuttfuß eines Hanges. Die eigentliche Quelle ist dabei verdeckt,

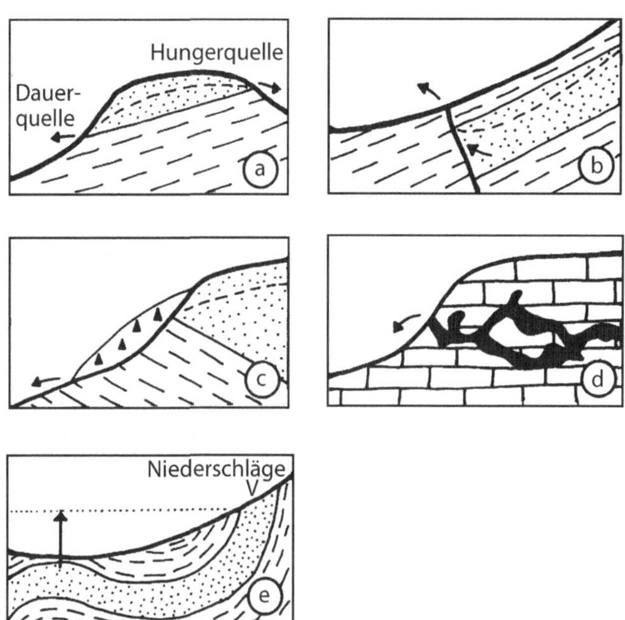

Abb. 11.5a–e. Quelltypen in schematischen Profilschnitten: **a** Schichtquelle, **b** Verwerfungsquelle, **c** Schuttquelle, **d** Karstquelle, **e** artesische Quelle (Brunnen)

es kann z.B. eine Schicht- oder eine Verwerfungsquelle sein. Sollen Schuttquellen genutzt werden, müssen sie bis zur eigentlichen Austrittsstelle freigelegt und anschließend gefasst werden, weil nur so ausgeschlossen werden kann, dass Wasser, das im Schuttfuß einsickert oder zuläuft, das Quellwasser verunreinigt.

- *Karstquellen.* Karstquellen sind Austrittsstellen von unterirdischen Wasserläufen in verkarsteten Gesteinen. Sie sind vielfach durch große, aber nicht selten auch stark schwankende Schüttungen gekennzeichnet. Die größte Quelle in Deutschland, der Aachtopf bei Stockach in Baden mit einer Schüttung bis zu 20 000 l/s, ist eine Karstquelle. Genau so, wie in Karstgebieten unvermutet Bäche oder Flüsse an Karstquellen entstehen, können sie an Holräumen oder Spalten im Gestein auch wieder abtauchen (sog. Schwinden).

- *Artesische Quellen.* In Artesischen Quellen (Name nach Artois, einer Landschaft um Paris; unter Geologen oft salopp als „Arteser" bezeichnet) tritt gespannntes Grundwasser aus. Natürlich entstandene artesische Quellen sind relativ selten, weit häufiger gibt es artesische Brunnen, d.h. Stellen, an denen das gespannte Grundwasser angebohrt wurde und unter meist hohem Druck austritt. Gespanntes Grundwasser ist überall dort vorhanden, wo verbogene oder sogar gefaltete Aquifere von wasserundurchlässigen Schichten unter- und überlagert werden. Das ist in Deutschland z.B. im Münsterschen Becken der Fall, in dem die kalkigmergeligen Sedimentgesteine aus der Kreide-Zeit wie ein Satz Schüsseln großräumig übereinander gestapelt sind: Wasser sickert an den randlichen Bereichen ein, fließt zum inneren Bereich der Muldenstruktur und gerät dabei zunehmend unter Druck/Spannung. Auch im Norddeutschen Tiefland kommen abgebogene oder leicht einfallende, sandig-kiesige Aquifere mit gespanntem Grundwasser vor. Wenn derartige Horizonte ungewollt angebohrt oder aufgegraben werden, kann es zum Ausfließen von erheblichen Mengen Grundwasser und damit zu beträchtlichen Schäden kommen.

Eine Untersuchung von Quellen, vor allem im Hinblick auf eine mögliche Nutzung als Trinkwasser, sollte folgende Punkte berücksichtigen:

- Ermittlung der Ergiebigkeit/Schüttung in l/s. Hierfür sind etwa alle 10 – 14 Tage Messungen über einen Zeitraum von mehr als einem Jahr erforderlich. Wichtig ist dabei vor allem die Feststellung der Mindestergiebigkeit. Wenn nach stärkeren Niederschlägen an einer Quelle erhöhte Schüttungen festgestellt werden, kann das Eigenschaften zeigen, die ihren Wert für eine mögliche Gewinnung von Trinkwasser unter Umständen beeinträchtigen: Geringe Wasserspeicherung und kurze Wasserwege, damit meist schlechte Filtration bzw. Reinigung der Niederschlagswässer.
- Messung der Wassertemperatur (mit Schwankungen).
- Ermittlung der chemischen und bakteriologischen Zusammensetzung des Quellwassers, auch mit deren Schwankungen. Trinkwasser ist biologisch nicht keimfrei, die Zahl der Keime muss aber unter 100 Stück pro cm^3 liegen, wobei Krankheitserreger oder Darm-(Coli-)Bakterien nicht vorkommen dürfen. Ein in den letzten Jahrzehnten aufgetretenes, inzwischen stagnierendes oder örtlich sogar leicht zurückgehendes Problem sind steigende Gehalte an Nitraten, Pestizid- und anderen Rückständen in Quell- und Grundwässern, die auf landwirtschaftliche und industrielle Nutzung zurückgeführt werden müssen.
- Vorschläge zur Fassung der Quelle, die bei Schuttquellen von der wahren Austrittsöffnung des Wassers ausgehen und berücksichtigen muss, ob diese ein- oder mehrbahnig ausgebildet ist.

11.4 Wassergewinnung

Der Verbrauch von Trinkwassser in Industriegegenden liegt bei etwa 200–500 l pro Einwohner und Tag. Die dafür erforderlichen Mengen Wasser werden teilweise aus Oberflächenreservoiren entnommen (z. B. Bodensee mit Wassergewinnung für Stuttgart; Trinkwasser-Talsperren wie etwa der Söse-Stausee im Harz mit Leitung nach Bremen), zum überwiegenden Teil aber aus Grundwasser bereitgestellt. Hierfür werden die vorhandenen Quellen genutzt, Stollen getrieben und vor allem Brunnen gebohrt.

Trinkwasserstollen sind in Deutschland vergleichsweise selten. Sie bieten sich in bewaldeten, relativ niederschlagsreichen Gegenden wie z. B. dem Taunus an. Durch einen Stollen kann das auf Schichtflächen einsickernde und zirkulierende Wasser gesammelt und abgeleitet werden. Auch stillgelegte Stollen und Schächte von Bergwerken können unter Umständen in dieser Weise für die Gewinnung von Trinkwasser genutzt werden.

Trinkwasserbrunnen werden in Festgesteinen, mehr noch in Sanden und Kiesen der Talauen angelegt. Die letztgenannten sind meist nur einige Meter bis Dekameter tief, während Brunnen in Felsgesteinen manchmal bis mehrere hundert Meter hinabreichen. In Talauen oder -niederungen wird gelegentlich durch eine zusätzliche Wasseranreicherung die Menge des förderbaren Grundwassers vergrößert (vgl. Abschn. 11.2.2).

Erschließung und Gewinnung von Grundwasser ist nicht selten mit Unsicherheiten und Risiken verbunden. Vor allem bei der Angabe von geeigneten Punkten für Wasserbohrungen sind auch erfahrene Hydrogeologen nicht immer vor Fehlinterpretationen sicher, auch nicht nach sorgfältigen Voruntersuchungen. Mit dieser Tatsache hängt auch der Umstand zusammen, dass auch heute noch die Verwendung von *Wünschelruten* bei der Wassererkundung und -erschließung durchaus verbreitet ist. Zweifelsohne erzielen Wünschelrutengänger, die nicht selten als geschulte Beobachter auch gewisse hydrogeologische Kenntnisse besitzen, gelegentlich gute Ergebnisse, viel häufiger bleiben sie aber erfolglos. Über derartige Misserfolge wird von ihnen und den jeweiligen Auftraggebern gerne geschwiegen. Schon mehrfach erfolgte Überprüfungen von Wünschelrutengängern, die unter fachlicher Aufsicht in früheren Jahren verschiedene Tests durchgeführt haben, erbrachten in *allen Fällen* widersprüchliche und/oder insgesamt ungünstige Ergebnisse. Wenn Privatpersonen bei der Wassser- bzw. Brunnensuche lieber Wünschelrutengängern als Fachleuten vertrauen, ist das eine riskante, aber private Angelegenheit. Bedauerlich und absolut nicht zu dulden ist es aber, wenn in gleicher Weise kommunale oder andere öffentliche Gelder eingesetzt und in der Regel vergeudet werden.

Wo Brunnen zur Grundwassergewinnung eingerichtet werden, ist eine abdichtende Sedimentauflage erforderlich, um mögliche Oberflächenverunreinigungen fern zu halten. Sind Tone vorhanden, brauchen diese nur etwa 1 m dick zu sein; handelt es sich bei der Auflage um Kiese, sollten diese etwa 4 m mächtig sein. Um Wassergewinnungsanlagen, besonders Brunnen, herum werden bestimmte *Schutzzonen* ausgewiesen: Zone I ist der eigentliche Fassungsbereich von mindestens 10 m und meist weniger als 50 m Radius. Zone II wird als engere

Schutzzone bezeichnet. Ihre Bemessung erfolgt nach der sog. 50-Tage-Linie, d.h. einer gedachten Linie, von der aus das zum Brunnen fließende Grundwasser mindestens 50 Tage benötigt, weil nach dieser Frist Keime weitgehend abgetötet sein sollten. Die tatsächliche Festlegung der 50-Tage-Linie ist schwierig, in der Praxis wird meist von einem Radius der Zone II von mehr als 50 m ausgegangen. Zone III ist die weitere Schutzzone, in der landwirtschaftliche Nutzung einschließlich Düngen teilweise gestattet ist, nicht aber Baumaßnahmen wie das Anlegen von Gruben, Steinbrüchen, Mülldeponien, Tankstellen, Friedhöfen usw. Bei der Festlegung von weiteren Schutzzonen kann es manchmal zu interschiedlichen Auffassungen zwischen Hydrogeologen und Bauingenieuren kommen, wenn vorgesehene Bauprojekte durch die Ausweisung einer Schutzzone ganz oder teilweise be- oder verhindert werden. In der Praxis haben die Zonen III teilweise Radien von mehr als 2 km.

Zusätzlich zu den Schutzzonen wird verschiedentlich ein Wasserschonbezirk ausgewiesen, in dem alle Bauvorhaben durch die zuständige Wasserbehörde zu genehmigen sind. Besondere Schutzbereiche bestehen in der Umgebung von *Mineral- und Heilquellen*, oft mit Durchmessern von vielen Kilometern. In diesen Bereichen sind sämtliche Schürf-, Bohr- und Bergbaumaßnahmen genehmigungspflichtig.

Das Abpumpen von Grundwasser durch Förderbrunnen kann unerwünschte Folgen haben, selbst wenn die Wasserbilanz (vgl. Abschn. 11.2.2) eine Entnahme zulässt. Hauptproblem sind die in den Aquiferen sich einstellenden *Absenktrichter*, weil das Grundwasser nicht schnell genug nachfließen kann. Absenktrichter können

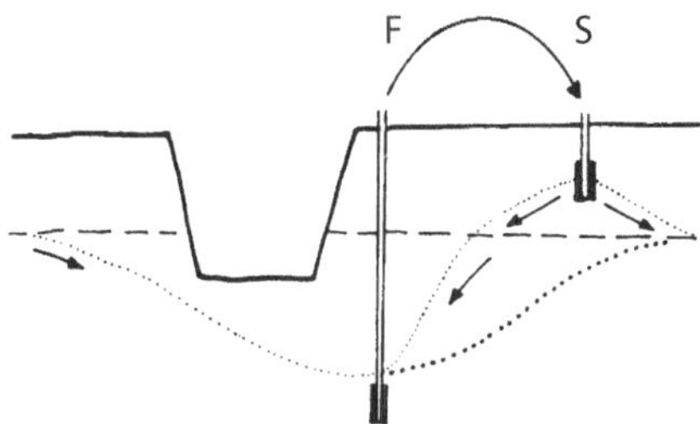

Abb. 11.6. Absenktrichter bei vorübergehender Grundwasserabsenkung zum Trockenhalten einer Baugrube, dabei Erhaltung des Grundwasserstandes durch Betreiben eines Schluckbrunnens (*S*). *F* = Förderbrunnen, *gestrichelt* = ursprünglicher Grundwasserstand, *fein punktiert* = Grundwasserstand während der Baumaßnahme, *grob punktiert* = Absenktrichter während der Baumaßnahme ohne Betreiben eines Schluckbrunnens. Schematischer Profilschnitt, stark überhöht!

Senkungen/Sackungen mit nachfolgenden Gebäudeschäden auslösen, oder es kann durch sie die Land- und Forstwirtschaft ebenso wie die Wassergewinnung von benachbarten Gewinnungsanlagen beeinträchtigt werden. Bei vorübergehenden, kleinräumigen Grundwasserabsenkungen im Zusammenhang mit Baumaßnahmen besteht die Möglichkeit, sog. Schluckbrunnen einzurichten: Das geförderte Wasser wird in einiger Entfernung von der Entnahmestelle wieder in den Grundwasserhorizont eingespeist (Kreislaufsystem), um außerhalb der Baustelle den Grundwasserstand etwa konstant zu halten (Abb. 11.6). Große Absenktrichter können auf diese Weise nicht ausgeglichen werden. Im Zusammenhang mit dem Braunkohlenabbau in der Rheinischen Braunkohle, die in trockenen Tagebauen gefördert werden muss, sind z.B. in den tieferen Grundwasserhorizonten derartige Absenktrichter von vielen Kilometern Durchmesser entstanden. Teilweise ließen sie sich bis in das Gebiet von Aachen verfolgen. Bei dem riesigen Braunkohlen-Tagebau Hambach im Erfttal müssen alle Grundwasserhorizonte oberhalb von mehr als 300 m Tiefe abgesenkt werden. Man versucht, die oberflächennahen Grundwässer im Gebiet außerhalb des Tagebaus dadurch im ursprünglichen Niveau zu erhalten, dass man die Wände des Tagebaus teilweise abgedichtet hat.

Wegen der typischen Ausbildung der verschieden alten Gesteine lassen sich erste Voraussagen darüber machen, welche von ihnen genügend Porosität und Permeabilität besitzen, um als möglicher Aquifer in Frage zu kommen. Diese sollten bei geplanten Vorhaben einer Wassererschließung zunächst überprüft werden. Von den Sedimentgesteinen sind es vor allem Schichten mit folgenden geologischen Altern (vgl. Kap. 7):

- Sande und Kiese des Holozäns in Flusstälern,
- Sande und Kiese des Pleistozäns in Schmelzwasserebenen und Flusstälern,
- Sande des Tertiärs,
- Sandsteine aus der Kreide-Zeit,
- Sandsteine des Buntsandsteins (untere Trias),
- Kalk- und Sulfatgesteine des Zechsteins (Oberes Perm),
- Kalk- und Dolomitsteine des mittleren und oberen Devons.

Bei den magmatischen Gesteinen sind vor allem die Basalte des Tertiärs oft reich an Spalten-Grundwasser.

11.5 Abwässer, Deponien, Altlasten

Grundwässer werden in starkem Maße durch einsickernde oder zuströmende Abwässer gefährdet, die verschiedenen Schadstoffe (z. B. Salze, Schwermetalle, organische Verbindungen) enthalten können. Mögliche Verursacher bzw. Gefahrenherde sind außer einer Überdüngung in der Landwirtschaft vor allem Tankstellen, Chemikalien-Lager, Betriebe der chemischen und Metall verarbeitenden Industrie, militärische Anlagen, aber auch Mülldeponien jeglicher Art und sogar Friedhöfe. Sollen Deponien neu angelegt werden, sind intensive geologische und hydrologische Voruntersuchungen erforderlich, um mögliche spätere Gefährdungen des Grundwassers auszuschließen. Entscheidend ist in den meisten Fällen das Vorhandensein oder das nachträgliche Einbringen einer Untergrundabdichtung aus undurchlässigen tonigen Gesteinen, die jeden Kontakt zwischen Sickerwasser aus der Deponie und dem Aquifer verhindert. Das gilt besonders für Deponien für Sondermüll, weil entsprechende Untersuchungen gezeigt haben, dass beim sog. Hausmüll langsam strömendes Grundwasser unter der Deponie selbst zwar verunreinigt sein kann, aber in einer Entfernung von einigen hundert Metern infolge mikrobiologischer Prozesse weitgehend wieder gereinigt wird. Zu bedenken ist aber, dass Wässer, die durch Deponien hindurch sickern, manchmal erst im Verlauf von einigen Jahren eine später sich möglicherweise verstärkende Schadstoffbelastung erkennen lassen.

Es gibt in Deutschland einige zehntausend Deponien aus früheren Jahren (sog. „Altlasten“), deren systematische Erkundung, Untersuchung und gegebenenfalls auch Sanierung noch Jahrzehnte in Anspruch nehmen wird, bei manchen wird das nur unter größten Schwierigkeiten und Aufwendungen möglich sein. Auf dem Gebiet der Altlastensanierung hat sich eine intensive Zusammenarbeit von Fachleuten aus verschiedenen Disziplinen, vorrangig aus der Hydrogeologie und dem Bauingenieurwesen, sehr bewährt. Zunächst müssen Art und Aufbau der im Untergrund vorhandenen Fest- oder Lockergesteine und die Grundwasserverhältnisse erkundet, dann die nötigen Schutz- und gegebenenfalls auch Sanierungsmaßnahmen geplant werden. Erforderlich können z.B. sein: Auffangen von hochbelasteten Sickerwässern, Abbrennen von entstehenden Gasen, Oberflächenabdeckungen mit tonigem oder anderem abdichtendem Material (um das Durchsickern von Niederschlagswäs-

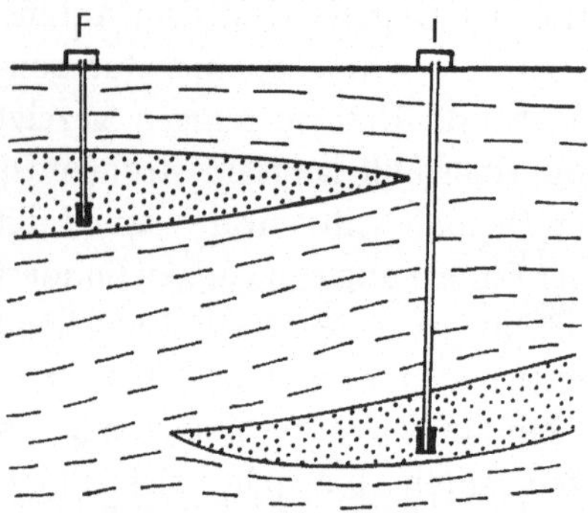

Abb. 11.7. Abwasserinjektion in einen Horizont mit versalzenem Tiefengrundwasser, der unter einem genutzten Aquifer liegt. *F* = Förderbrunnen, *I* = Injektionsbrunnen, *gestrichelt*: wasserundurchlässige Schichten, *punktiert*: wasserdurchlässige Schichten

sern zu verhindern), Einkapselungen oder auch völliges Abgraben/Auskoffern der Deponie.

Mancherorts werden Abwässer in den tieferen Untergrund versenkt oder abgepresst (z. B. Salzlaugen in Kalisalz-Fördergebieten, radioaktive oder Raffinerieabwässer). Derartige Injektionen bzw. Einleitungen müssen in poröse Gesteine hinein erfolgen, die unterhalb der nutzbaren Grundwasserhorizonte liegen und von diesen durch undurchlässige Gesteine abgeschlossen sein sollten (Abb. 11.7). Mittels Kontrollbohrungen muss überprüft werden, ob nicht aus dem Einleithorizont doch teilweise Abwässer austreten oder – falls dieses geschieht – ob sie inzwischen genügend gereinigt sind, sodass sie keine Belastung für Grundwässer darstellen können. Geologisch günstige Bedingungen für mögliche Abwasserversenkungen liegen in Deutschland vor allem in Gebieten mit mächtigen Folgen von quartären und tertiären Lockergesteinen vor (vgl. Kap. 7), also im Norddeutschen Tiefland, im Voralpengebiet und im Oberrheintal.

12 Wer führt geologische Beratungen und Untersuchungen durch?

Wenn geologische Beratungen oder Untersuchungen gewünscht oder erforderlich werden, gibt es folgende Personen/Einrichtungen, an die man sich wenden kann:

- *Geologische Institute an benachbarten Hochschulen/Universitäten*: Nützlich zur ersten Information bei fachlich-regionalen Fragen, zur Beratung über Fundstücke/Fossilien oder zur Einsicht in geologische Bücher und Karten in den Büchereien der Institute. Manchmal übernehmen Hochschulangehörige auch Beratungen oder Gutachten, nicht selten werden dabei nur Aufträge für bestimmte Teilbereiche der Geologie durchgeführt.
- *Staatliche geologische Dienste der jeweiligen Bundesländer*: Jedes deutsche Bundesland besitzt ein geologisches Landesamt oder eine Landesanstalt, neuerdings oft zusammengefasst mit einer Umweltbehörde. Diese geologischen Dienststellen sind den jeweiligen Umwelt- oder Wirtschaftsministerien der Länder zugeordnet, in ihrer Hand liegt z.B. die Herstellung von amtlichen geologischen Karten, die Archivierung von Bohrunterlagen oder die Aufsicht und Beratung in geologischen Fragen; besonders von Dienststellen oder Verwaltungen, aber auch privaten Auftraggebern.

- *Freiberuflich tätige Geologen und Ingenieurbüros*: Für viele Bereiche des Bauingenieurwesens oder privater Auftraggeber die wichtigsten Partner; nahezu für alle Zweige vor allem der Angewandten Geologie gibt es im Gebiet von Deutschland erfahrene Spezialisten, so z. B. im Umwelt- und Altlastenbereich. Anschriften von geeigneten Firmen/Büros sind gegebenenfalls bei den zuständigen Industrie- und Handelskammern oder direkt bei Berufverband Deutscher Geowissenschaftler e. V. (BDG), Oxfordstraße 20–22, 53111 Bonn, BDGBonn@t-online.de, zu erfragen, der die ihm angehörenden Freiberufler, Firmen und Geobüros vertritt.

Weiterführende Literatur

Geologie allgemein

Bahlburg H, Breitkreuz C (1998) Grundlagen der Geologie. Enke (in Thieme), Stuttgart, 328 S

Eisbacher G, Kley J (2001) Grundlagen der Umwelt- und Rohstoffgeologie. Enke (in Thieme), Stuttgart, 424 S

Murawski H, Meyer W (1998) Geologisches Wörterbuch, 10. Aufl. Enke (in Thieme), Stuttgart, 277 S

Pape H (1988) Leitfaden zur Gesteinsbestimmung, 5. Aufl. Enke (in Thieme), Stuttgart, 132 S

Press F, Siever R (1995) Allgemeine Geologie. Spektrum, Heidelberg, 602 S

Richter D (1992) Allgemeine Geologie, 4. Aufl. de Gruyter, Berlin NewYork, 349 S

Vossmerbäumer H (1991) Geologische Karten, 2. Aufl. Schweizerbart, Stuttgart, 247 S

Historische Geologie (Erdgeschichte)

Schmidt K, Walter R (1990) Erdgeschichte, 4. Aufl., Sammlung Göschen 2616. de Gruyter, Berlin, New York, 307 S

Stanley SM (2001) Historische Geologie, 2. Aufl. Spektrum, Heidelberg, ca. 720 S

Regionale Geologie

Henningsen D, Katzung G (1998) Einführung in die Geologie Deutschlands, 5. Aufl. Enke (in Thieme), Stuttgart, 244+20 S

Walter R (1995) Geologie von Mitteleuropa (begründet von P. Dorn), 6. Aufl. Schweizerbart, Stuttgart, 566 S

Angewandte Geologie

Dachroth W (2001) Handbuch der Baugeologie und Geotechnik, 3. Aufl. Springer, Berlin Heidelberg New York, 640 S

Entenmann W (1998) Hydrogeologische Untersuchungsmethoden von Altlasten. Springer, Berlin Heidelberg New York, 373 S

Fecker E, Reik G (1995) Baugeologie, 2. Aufl. Enke (in Thieme), Stuttgart, 440 S

Hölting B (1995) Hydrogeologie, 5. Aufl. Enke (in Thieme), Stuttgart, 464 S

Jordan H, Weder H-J (Hrsg) (1995) Hydrogeologie, 2. Aufl. Enke (in Thieme), Stuttgart, 680 S

Koensler W (1989) Sand und Kies. Enke (in Thieme), Stuttgart, 126 S

Neumaier H, Weber H-H (1996) Altlasten. Erkennen, Bewerten, Sanieren, 3.Aufl. Springer, Berlin Heidelberg New York, 519 S

Prinz H (1997) Abriß der Ingenieurgeologie, 3. Aufl. Enke (in Thieme), Stuttgart, 546 S

Reinsch D (1991) Natursteinkunde. Enke (in Thieme), Stuttgart, 350 S

Reuter K, Klengel J, Pasek J (1982) Ingenieurgeologie, 3. Aufl. Dt Verl Grundstoffindustrie, Leipzig, 604 S

Sachverzeichnis